职业教育数字媒体技术应用专业系列教材

平面设计与制作综合实训

第 2 版

主　编　刘新安　李素青
副主编　严诗泳　夏晓晨　季　薇
参　编　周翠玉　张志威　张　铄
　　　　肖　莹　马嵩棋　李芳娟

机械工业出版社

本书分别用Photoshop、CorelDRAW、Illustrator这3个平面设计常用软件编排了8个项目，每个项目都是一个完整的企业案例，内容包括：卡片设计、标志设计、宣传海报设计、DM单广告设计、图书封面设计、产品包装设计、产品广告设计和数码照片精修与设计。本书采用了职业教育"项目引领，任务驱动"的模式进行编写，不仅仅是单一的技术讲解，还根据市场的实际需要，对行业知识、专业技能，以及综合素质进行了全面展示，注重培养学生的学习能力，激发学生的创造力。本书还将知识、能力和正确价值观的培养与专业课程进行交叉融合，引导学生将专业技能学习与内在品德和素养有机结合。

本书可作为职业院校数字媒体技术应用专业、计算机平面设计等相关专业的教材，也可作为培训机构的培训用书，以及图形图像专业设计人员的学习参考用书。

为方便教师教学和学生学习，本书配有电子课件、素材和效果文件，可登录机械工业出版社教育服务网（www.cmpedu.com）免费注册下载，或联系编辑（010-88379543）获取。

图书在版编目（CIP）数据

平面设计与制作综合实训/刘新安，李素青主编．—2版．—北京：机械工业出版社，2023.5（2024.1重印）

职业教育数字媒体技术应用专业系列教材

ISBN 978-7-111-72354-7

Ⅰ．①平… Ⅱ．①刘… ②李… Ⅲ．①平面设计—图形软件—职业教育—教材 Ⅳ．①TP391.41

中国国家版本馆CIP数据核字（2023）第061149号

机械工业出版社（北京市百万庄大街22号　邮政编码100037）
策划编辑：徐梦然　　　　　责任编辑：徐梦然
责任校对：贾海霞　李　婷　封面设计：鞠　杨
责任印制：刘　媛

北京中科印刷有限公司印刷

2024年1月第2版第2次印刷

210mm×297mm・12印张・260千字

标准书号：ISBN 978-7-111-72354-7

定价：49.00元

电话服务　　　　　　　　网络服务

客服电话：010-88361066　　机　工　官　网：www.cmpbook.com
　　　　　010-88379833　　机　工　官　博：weibo.com/cmp1952
　　　　　010-68326294　　金　书　网：www.golden-book.com

封底无防伪标均为盗版　　机工教育服务网：www.cmpedu.com

前言 / PREFACE

图像处理软件、排版软件、图形绘制软件是平面设计师常用的软件。图像处理软件以Photoshop为代表，擅长编辑图像的颜色、尺寸、分辨率、格式以及制作特效等；排版软件则擅长组合文字和图片，包括InDesign、PageMaker等。图形绘制软件则擅长矢量图形绘制，如CorelDRAW、Freehand、Illustrator等。在实际应用中常选择一两种企业常用的软件。例如，对单页或多页、矢量图形绘制进行排版时用Illustrator、CorelDRAW；而对报纸杂志等进行排版时用InDesign。这几种软件可以满足平面设计工作的基本需要。

本书是计算机平面设计专业的综合实训教材，由长期从事平面设计与制作教学的一线教师和专业平面设计师共同编写，适用于有一定专业基础的学生学习。为了使学生熟练地使用相应的软件进行平面设计与制作，本书分别用Photoshop、CorelDRAW、Illustrator这3个平面设计常用软件编排了8个项目，每个项目都是一个完整的企业案例。本书在编写过程中贯彻党的二十大精神，采用了职业教育"项目引领，任务驱动"的模式进行编写，不仅仅是单一的技术讲解，而是根据市场的实际需要，对行业知识、专业技能，以及综合素质进行了全面展示，注重培养学生的学习能力，激发学生的创造力。本书从基本的行业需求出发，了解案例的项目背景，引发学生对案例的设计和制作细节进行深入思考，从而同步进行思维方式和软件技能的培训。

根据本书第1版在实际教学过程中的需要和反馈，本书对原单元内容进行合理的增删，并对单元的具体项目内容进行了优化，使教材的单元结构更加合理、紧凑，内容更贴合教学实际，也更加方便自学和实训。本书在部分单元有机地融入了专业精神、职业精神、信息素养和工匠精神，促进学生德技并修，培养高素质技术技能人才。本书配有所有项目的素材和效果文件，方便教师教学和学生自学。

本书由广州市、中山市两市五所学校的教师联合编写。中山市火炬科学技术学校刘新安、广东省电子职业技术学校李素青任主编，广东省科技职业技术学校严诗泳、中山市火炬科学技术学校夏晓晨、广州市市政职业学校季薇任副主编。参加编写的还有中山市火炬科学技术学校周翠玉、张志威、张铄，广东省经工职业技术学校肖莹，广东省电子职业技术学校马嵩棋、李芳娟。

由于编者水平有限，书中难免有疏漏和不妥之处，敬请广大读者批评指正。

编 者

CONTENTS 目录

前言

01 项目1 卡片设计 // 1

任务1　咖啡店名片设计……………………………………2
任务2　企业名片设计………………………………………6
任务3　结婚请柬设计………………………………………15
任务拓展　母亲节贺卡设计…………………………………21

02 项目2 标志设计 // 23

任务1　音乐电台标志设计…………………………………24
任务2　化妆品公司标志设计………………………………30
任务3　优时软件标志设计…………………………………33
任务4　农商投资标志设计…………………………………35
任务拓展　《中学生报》标志设计…………………………38

03 项目3 宣传海报设计 // 39

任务1　化妆品宣传海报设计………………………………40
任务2　蛋糕店宣传海报设计………………………………45
任务3　化妆品公司宣传海报设计…………………………49
任务4　房地产宣传海报设计………………………………56
任务5　公益宣传海报设计…………………………………59
任务拓展　社团招新海报设计………………………………62

04 项目4
DM单广告设计 // 63

任务1 美容院折页设计——外折页 64
任务2 美容院折页设计——内折页 68
任务3 美容院折页设计——效果图 73
任务4 化妆包店折页设计 77
　　任务拓展　助农产品商城DM单设计 80

05 项目5
图书封面设计 // 81

任务1 小说图书封面设计 82
任务2 宣传画册封面设计 87
任务3 学生作文专刊封面设计 91
任务4 《科技经济学》封面设计 94
　　任务拓展　《平面设计与制作综合实训》
　　　　封面设计 101

06 项目6
产品包装设计 // 103

任务1 比萨包装设计——包装盒 104
任务2 比萨包装设计——购物袋 109
任务3 话梅包装盒设计 114
任务4 柔美丝产品包装盒设计 117
任务5 儿童玩具包装盒设计 129
　　任务拓展　茶叶包装设计 136

07 项目7 产品广告设计 // 137

    任务1 柠檬水广告设计..................138

    任务2 化妆品广告设计..................142

    任务3 美容院展架广告设计..................146

    任务4 灯饰广告设计..................155

    任务5 "多喝水"产品广告设计..................159

    任务拓展 手机广告设计..................164

08 项目8 数码照片精修与设计 // 165

    任务1 化妆品产品照片精修..................166

    任务2 数码人像素描转换..................172

    任务3 儿童写真照片设计..................175

    任务4 快速调出人物白皙美..................178

    任务拓展 人物照片精修..................181

参考文献 // 183

项目1 卡片设计

> **项目描述**
>
> 卡片一般分为名片、VIP卡、贺卡等,是人们联络感情,传递友谊的使者。随着经济的发展,卡片的功能性、装饰性都有较强的个性化、人性化和实用化。本项目根据市场的实际需求,将卡片的创意、个性用艺术形式表现出来。
>
> **学习目标**
>
> 本项目主要运用Photoshop、Illustrator中的一些基本工具制作出简单又有个性的卡片实例。例如,运用钢笔工具、渐变工具、滤镜等制作出个性的效果。运用自由变换、图层混合模式进行合理的排版。

任务1
咖啡店名片设计

任务描述

本任务需要设计制作咖啡店名片。咖啡店名片一般在咖啡店吧台放置，名片上印有咖啡店名称、网址、地址和电话等。它的主题明确，不需要太多内容装饰。主要采用引导的表现手法，通过背景烘托咖啡的气氛，让人想起咖啡，咖啡色主调使名片主题明确。

任务分析

咖啡店名片正反两面效果如图1-1所示，主题背景颜色以咖啡色为主，突出主题色彩，并通过适当的文字排版显示广告的主题和内容。

图1-1　咖啡店名片正反两面效果

任务实施

1 启动Photoshop，执行"文件"→"新建"命令，打开"新建"对话框，如图1-2所示，设置文件"名称"为"咖啡店名片设计"，设置"宽度"为"90毫米"，"高度"为"54毫米"，"分辨率"为"300像素/英寸"，"颜色模式"为"RGB颜色"，单击"确定"按钮，创建一个新的图像文件。

项目1 卡片设计

2 新建一个图层，重命名为"背景1"，设置前景色为R：152、G：83、B：50，选择"油漆桶工具" ，填充"背景1"图层，效果如图1-3所示。

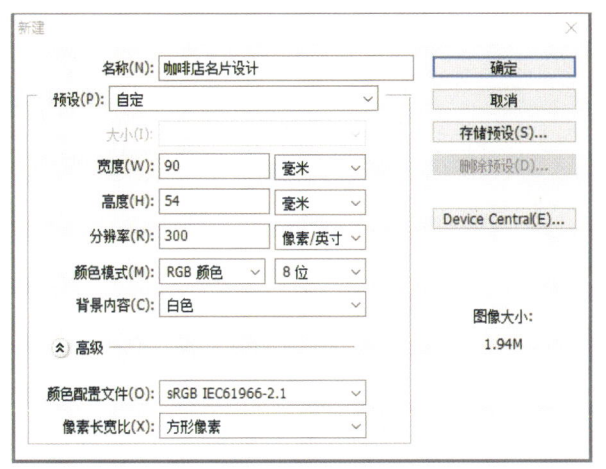

图1-2 新建文件

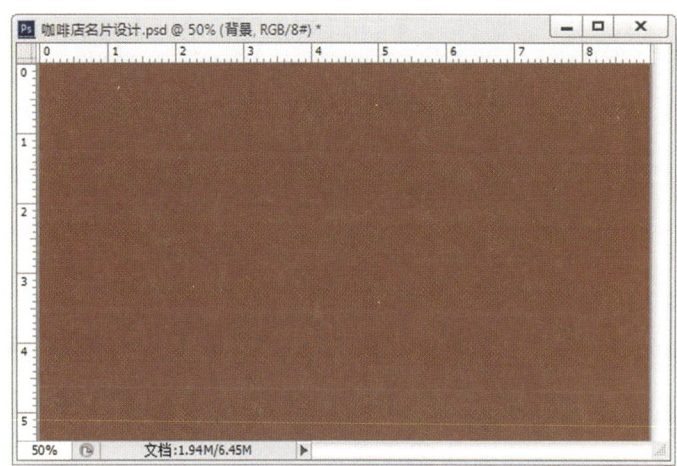

图1-3 填充背景色

3 打开本书配套资源中的"素材\项目1\任务1\咖啡豆.psd"文件，使用"钢笔工具" 把咖啡豆图片裁出自然的波浪形态，把裁剪后的咖啡豆图片移动到图像文件中，重命名为"咖啡豆"，按<Ctrl+T>组合键，缩小图像移动到下方合适位置，按<Enter>键结束，如图1-4所示。

4 打开本书配套资源中的"素材\项目1\任务1\标志.psd"文件，把标志图片移动到图像文件中，重命名为"标志"，按<Ctrl+T>组合键，缩小图像移动到合适位置，按<Enter>键结束，如图1-5所示。

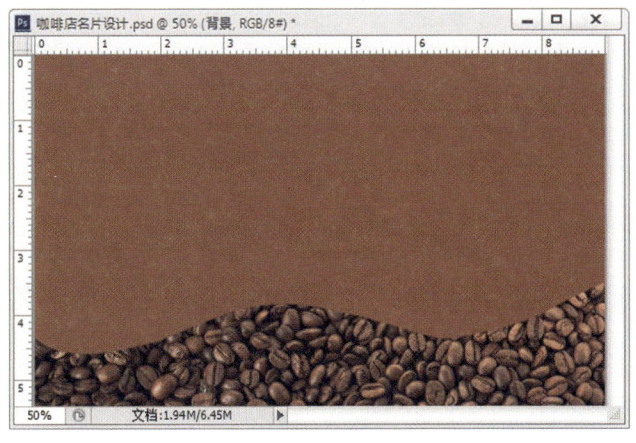

图1-4 咖啡豆图片效果图

图1-5 放置标志

5 新建一个图层，重命名为"边框"，选择"矩形选框工具" ，在该图层绘制横竖两个条形矩形选区，如图1-6所示。

6 设置前景色为R：152、G：203、B：165，在"边框"图层填充条形选区，效果如图1-7所示。

图1-6 绘制条形选区

图1-7 填充边框效果

7 打开本书配套资源中的"素材\项目1\任务1\素材1.png"文件,把图片移动到图像文件中,重命名为"烟雾",按<Ctrl+T>组合键,缩小图像移动到合适位置,按<Enter>键结束,并按<Alt>键拖动图像复制一个"烟雾",并按<Ctrl+T>组合键改变"烟雾"大小,调整两个"烟雾"的组合和位置,效果如图1-8所示。

8 打开本书配套资源中的"素材\项目1\任务1\素材文本.doc"文件,分别用横排文字输入广告文字内容,字体为"黑体",字体颜色为"白色",双击图层,在"图层样式"中勾选样式为"投影",单击"确定"按钮结束,效果如图1-9所示。

图1-8 咖啡烟雾放置效果

图1-9 名片正面效果

9 重新执行"文件→新建"命令,打开"新建"对话框,如图1-10所示,设置文件"名称"为"咖啡店名片设计背面",设置"宽度"为"90毫米","高度"为"54毫米","分辨率"为"300像素/英寸","颜色模式"为RGB颜色,单击"确定"按钮,创建一个新的图像文件制作卡片背面。

10 新建一个图层,重命名为"背景1",设置前景色为R:152、G:83、B:50,选择"油漆桶工具" ,填充"背景1"图层,效果如图1-11所示。

11 打开本书配套资源中的"素材\项目1\任务1\素材2.png"文件,把图片移动到图像文件中,重命名为"烟雾",按<Ctrl+T>组合键,缩小图像移动到合适位置,按<Enter>键结束,效果如图1-12所示。

12 打开本书配套资源中的"素材\项目1\任务1\背面标志.psd"文件,把背面标志图片移动到图像文件中,重命名"标志",按<Ctrl+T>组合键,缩小图像移动到合适位置,按<Enter>键结束,效果如图1-13所示。

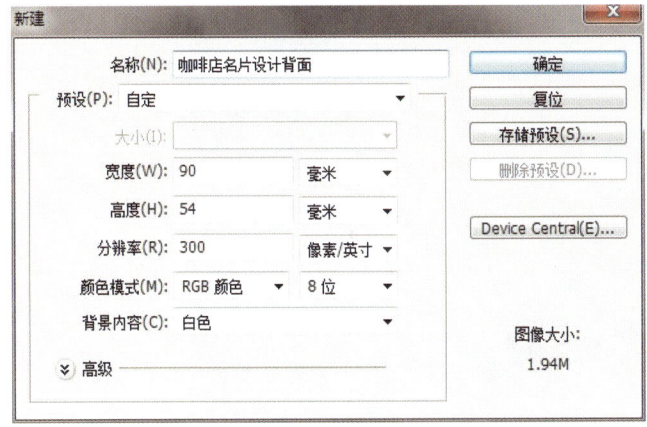

图1-10　新建文件制作名片背面　　　　　　图1-11　填充背景色

图1-12　效果图　　　　　　　　　　　　　图1-13　放置标志

13 新建一个图层,重命名为"边框",选择"矩形选择工具",在该图层绘制横竖共6个条形选区,如图1-14所示。

14 设置前景色为R:227、G:203、B:165,在"边框"图层填充条形选区,效果如图1-15所示。至此,本任务制作完成。

图1-14　制作条形选区　　　　　　　　　　图1-15　效果图

15 最终效果图如图1-16所示。

图1-16 最终效果图

知识技巧点拨

1）"吸管工具"用于吸取图像中的颜色，在正反两面的背景颜色相同的情况下，可以灵活使用。

2）使用"矩形选框工具"绘制时，可以按<Alt>键并拖动鼠标左键复制填充好颜色的矩形，要多进行练习。

任务2 企业名片设计

任务描述

本任务需要制作一个企业名片，企业名片各式各样，琳琅满目。名片能体现企业的形象、身份，其款式、颜色、图案都有所不同。本任务根据企业的特点进行思考和定位。制作并不复杂，用抽象的图形体现企业的特点，背景的淡颜色烘托出温暖的感觉。

项目1 卡片设计

任务分析

本任务需要制作企业名片，主要运用Illustrator画图工具的矩形工具、椭圆工具，利用路径查找器的命令修剪出各种形状。使用文字工具添加文字，再置入二维码图形，并添加背景素材完成最后的效果。企业名片效果如图1-17所示。

图1-17 企业名片效果图

任务实施

1 启动Illustrator CS6，执行"文件"→"新建"命令，打开"新建文档"对话框，如图1-18所示，设置文件"名称"为"企业名片"，设置大小为A4，单位为毫米，取向为横向，创建了一个新的图像文件。

2 单击"矩形工具" ，弹出"矩形"对话框，输入尺寸，宽度为54mm，高度为90mm，绘制一个矩形。填充为30%的灰色，描边选择"无"。按<Ctrl+C>组合键复制矩形，再按<Ctrl+V>组合键粘贴备用，如图1-19所示。

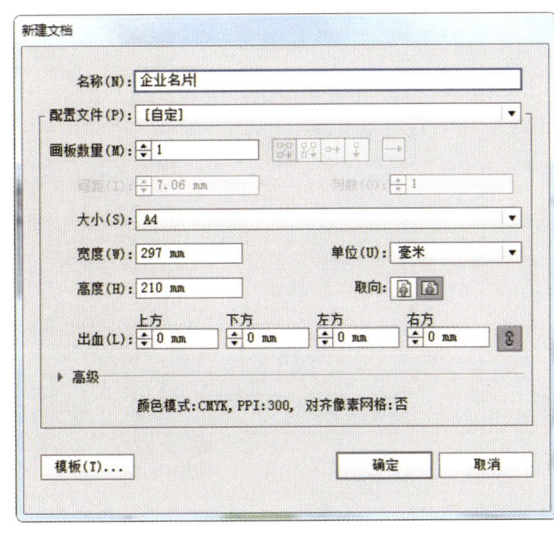

图1-18 新建文件

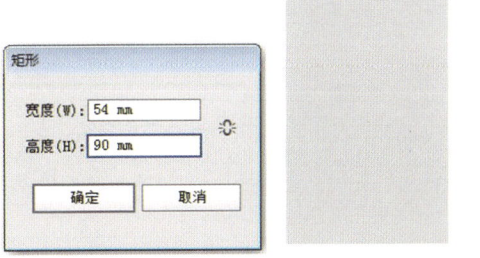

图1-19 矩形设置

3 单击"椭圆工具" ，弹出"椭圆"对话框，输入尺寸，"宽度"和"高度"都是 15mm，如图1-20所示。绘制圆形，并移动到矩形的右上角位置，同时选择圆形和矩形，在控制面板上单击"垂直顶对齐" 和"水平右对齐" ，让圆形贴紧矩形的边。按住<Alt>键复制一个圆形放到左下角备用，如图1-21所示。

4 再一次同时选择右上角的圆形和矩形，选择"路径查找器"单击"修边" 命令，使用"直接选择工具" 将右上角的三角形选取并按<Del>键删除，变成了一个圆角。取备用圆形用同样的方法对齐并修剪左下角，如图1-22所示。

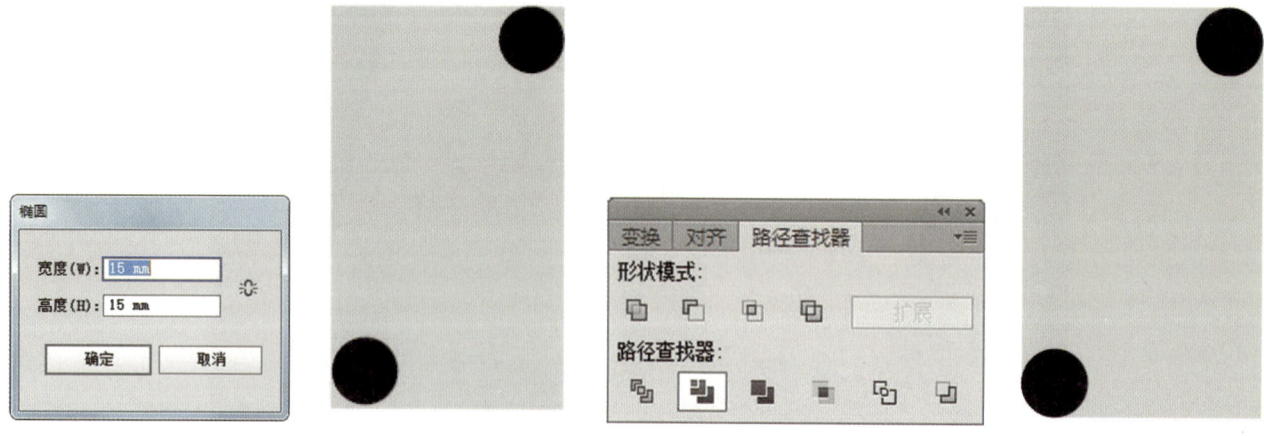

图1-20　圆形设置　　　图1-21　圆形摆放　　　　　图1-22　修剪矩形

5 全选不规则矩形，选择"路径查找器"单击"联集" 命令，融合为一体。选择"直接选择工具" ，按<Alt>键，移动光标复制矩形备用。选择菜单栏上的"效果"→"纹理"→"纹理化"命令，在弹出的对话框中输入参数，纹理：砂岩，缩放：200%，凸现：5，变成磨砂纹理，如图1-23所示。

图1-23　底纹处理

项目1 卡片设计

6 选择备用的矩形，按组合键<Ctrl+Shift+]>移至顶层，同时选择前面处理过的不规则矩形，在控制面板上单击"对齐"命令，让两个矩形重叠在一起。将矩形填充为白色，选择"删除锚点工具" 去除左下角的锚点，变成三角形。选择"选择工具" ，单击左下角同时按住<Shift>键缩小三角形到三分之一处，如图1-24所示。

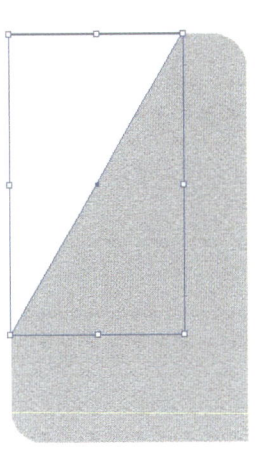

图1-24 三角形制作

7 单击"椭圆工具" ，弹出"椭圆"对话框，输入尺寸，"宽度"和"高度"都是28mm。绘制圆形，并移动到三角形上调整到适合位置，如图1-25所示。接着选择圆形和三角形，选择"路径查找器"，单击"减去顶层" 命令，减去圆形。选择"图层样式"，按住<Alt>键单击"投影" 命令，为不规则三角形添加投影，如图1-26所示。

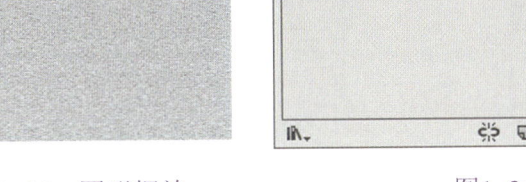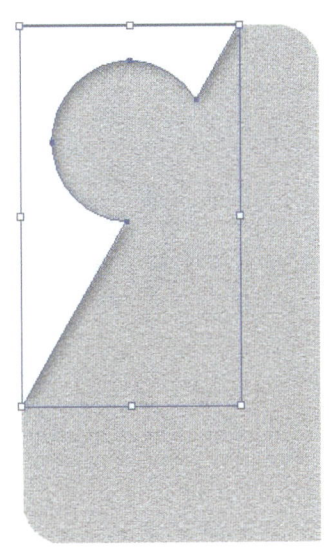

图1-25 圆形摆放　　　　图1-26 制作不规则图形

8 接着制作标志。单击"椭圆工具" ，弹出"椭圆"对话框，输入尺寸，"宽度"和"高度"设置为18mm，绘制圆形，无填充颜色，描边颜色为80%灰色。在"控制面板"中设置"描边粗细"为7pt。在菜单栏上选择"对象"→"路径"→"轮廓化描边"，将路径转换为图形，如图1-27所示。

9 选择"刻刀工具" ，按住<Alt>键在圆环右边切割两条线，如图1-28所示。然后选择"直接选择工具" 将中间切割部分删掉变成字母"C"。如图1-29所示。

10 选择"钢笔工具" ，在"C"字上绘制一个三角形，并使用"转换锚点工具" 调整边线与"C"重叠。填充颜色为暗红色（C：15，M：100，Y：90，K：10），如图1-30所示。

 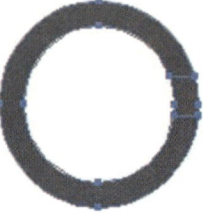  

图1-27　环形制作　　　图1-28　切割环形　　　图1-29　删除切割部分　　　图1-30　添加形状

11 单击"椭圆工具" ，弹出"椭圆"对话框，输入尺寸，"宽度"和"高度"设置为3mm，绘制圆形，填充为暗红色（C：15，M：100，Y：90，K：10），并移动到中间适当位置。全选三角形、圆形和"C"，按组合键<Ctrl+G>进行编组。标志制作完成，如图1-31所示。移至卡片三角形缺口处，如图1-32所示。再复制一个标志备用。

图1-31　标志制作完成

12 选择"文字工具" ，框选范围输入文字：国光科技有限公司，汤欣总经理，1391234××××，电话：020-2378××××，网址：www.××××××××.com，地址：广州市科学城合创大道××号。移动到卡片中间，根据三角形的斜边调整每行字体前后距离，保持与斜边一样的斜度。字体为"微软雅黑"，填充颜色为黑色，设置公司名称和人名字体大小为9pt，其余字体大小为7pt，效果如图1-33所示。

图1-32　标志摆放　　　　　　　图1-33　添加信息

13 单击"矩形工具" ，弹出"矩形"对话框输入尺寸，"宽度"与"高度"为12mm，绘制一个正方形。填充为白色，描边选择"无"。移到名片右下角，选择"图层样式"，按住<Alt>键单击"投影"命令，添加投影，效果如图1-34所示。

14 在菜单栏上选择"文件"→"置入"命令,选中本书配套资源中的"素材\项目1\任务2\名片二维码.png"文件,去除"链接"选项,置入到画面中。在"控制面板"上修改宽度、高度为11mm,同时选择图片和正方形,在"控制面板"上单击"水平居中对齐"和"垂直居中对齐",让图片移到正方形中央。按组合键<Ctrl+G>进行编组。名片的正面已制作完成,选择全部图形,再一次按组合键<Ctrl+G>进行编组,效果如图1-35所示。

图1-34　正方形添加投影　　　　　图1-35　添加二维码

15 下面制作名片背面。选择前面备用的不规则矩形,右击弹出对话框,选择"变换"→"对称"命令,在对话框中勾选"垂直"后单击"确定"按钮,反转不规则矩形。再复制备用,如图1-36所示。

图1-36　制作背面

16 选择其中一个不规则矩形,重复前面制作磨砂纹理操作。选择菜单栏上的"效果"→"纹理"→"纹理化"命令,在弹出的对话框中输入参数,纹理:砂岩,缩放:200%,凸现:5。制作磨砂纹理,效果如图1-37所示。

图1-37　制作磨砂纹理

17 选择"椭圆工具"，绘制一个"宽度"和"高度"都是28mm的圆形。再选择"矩形工具"，绘制一个宽度：100mm，高度：7mm的矩形。同时选择两个图形，在"控制面板"上单击"水平居中对齐"和"垂直居中对齐"。再选择"路径查找器"单击"联集"命令，联结在一起，如图1-38所示。

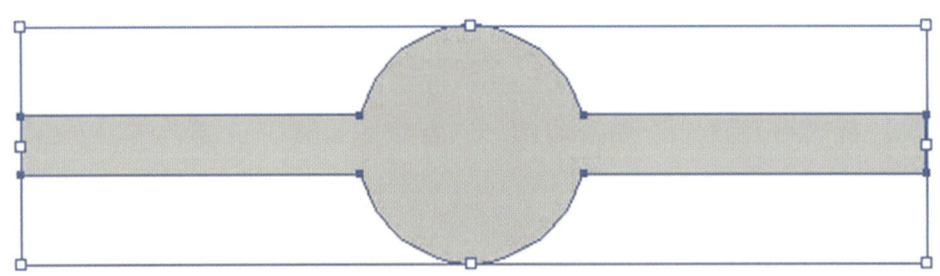

图1-38　制作镂空模型

18 同时选择这个不规则图形和不规则矩形,在"控制面板"上单击"水平居中对齐"和"垂直居中对齐"，使它们中间对齐。然后选择不规则图形一角,旋转至对角线位置,如图1-39所示。

19 再一次同时选择这个不规则图形和不规则矩形,在"路径查找器"上单击"减去顶层"命令,去除中间不规则图形,如图1-40所示。

20 将上一步得到的镂空图形填充为白色,移到磨砂纹理的不规则矩形上,同时再选择备用的标志,将3个图形一起在控制面板上调整至居中对齐,如图1-41所示。

项目1 卡片设计

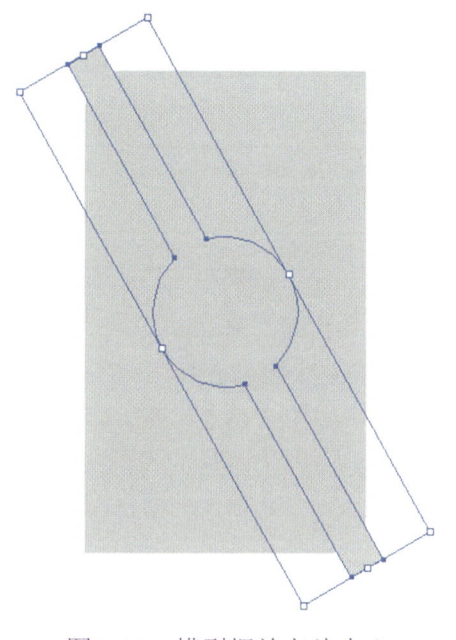

图1-39 模型摆放名片中心

图1-40 修剪镂空形状

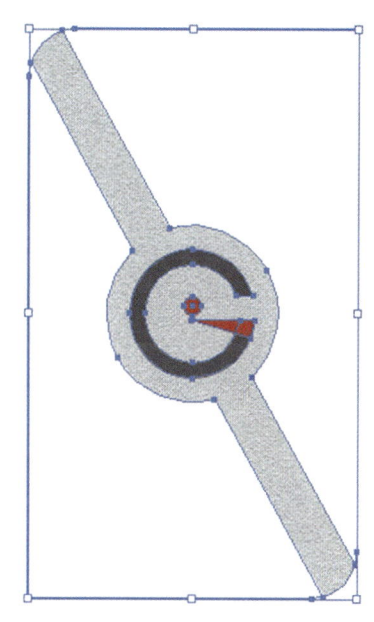

图1-41 摆放背面标志

21 选择"直接选择工具" ，单击左下角的白色三角形，如图1-42所示。然后选择"剪刀工具" 单击圆弧的两个端点，如图1-43所示。再用"直接选择工具" 点选回白色三角形进行删除，最后留下一个半圆，如图1-44所示。

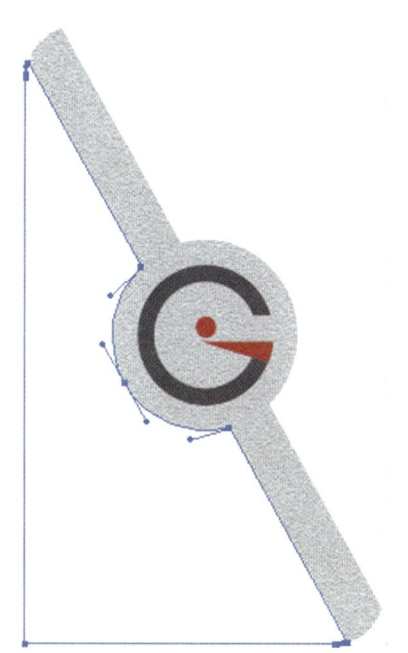

图1-42 选择三角形

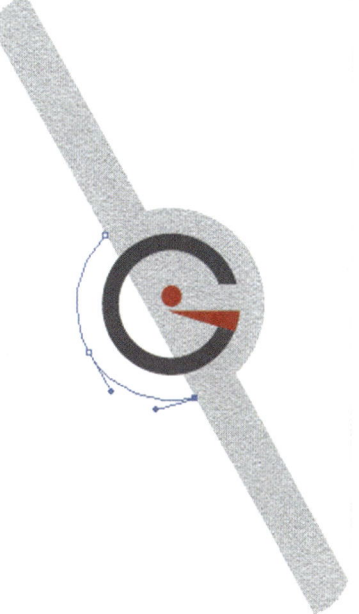

图1-43 剪刀剪断弧线两端

图1-44 删除三角形

22 选择"路径文字工具" ，在半圆上单击，以半圆为路径，输入文字"国光科技有限公司"，字符为微软雅黑，填充颜色为黑色，字体大小为8pt，效果如图1-45所示。

23 全选名片的背面，按组合键<Ctrl+G>进行编组。名片的背面已制作完成。适当地旋转名片，如图1-46所示。

24 在菜单栏上选择"文件"→"置入"命令，选中本书配套资源中的"素材\项目1\任务2\背景.jpg"文件，去除"链接"选项，置入到画面中。右击选择"排列"→"置于底层"命令，为名片添加背景。名片制作完成，最终效果如图1-47所示。

图1-45　围绕路径输入文字

图1-46　调整名片位置

图1-47　最终效果图

知识技巧点拨

1）复制图形的方法包括：①按<Ctrl+C>组合键和<Ctrl+V>组合键复制粘贴；②选择图形，按<+>键直接原位复制粘贴；③选择图形，单击鼠标左键移动的同时单击鼠标右键，也可以进行复制粘贴。

2）使用"精确剪裁"命令，先选择要修整的图形，再单击"精确剪裁"命令，光标变成箭头时单击要修改成型的图形。

3）当矢量图形导入到位图软件中时，一定要转换为位图才能做进一步修改。

项目1　卡片设计

名片是让客户迅速了解基本信息的途径之一。名片设计的过程中，设计人员应当具备严谨细致的职业道德，避免信息错误给客户增添麻烦。

任务3
结婚请柬设计

任务描述

婚礼举行前需要发送结婚请柬给亲朋好友，传统的请柬都是红色为主，突显喜庆气氛。本次任务不同于以往的红色请柬，以粉红色为底色烘托出浪漫温馨的氛围，将新人的相片作为封面展现请柬的专属性和独特性。文字的内容亲切，使被邀请者体会到主人的热情与诚意。请柬的设计以现代元素为主，表现出新时代婚礼的特色和风格。

任务分析

本任务制作结婚请柬，使用的工具并不多，如用"自定形状工具"制作花纹和图案，用"填充工具"填充底纹图案、设置图层样式，使用"文字工具"制作文字段落等，效果如图1-48所示。

图1-48　结婚请柬效果图

任务实施

1 启动Photoshop，执行"文件"→"新建"命令，打开"新建"对话框，如图1-49所示，设置文件"名称"为"结婚请柬"，设置"宽度"为"297毫米"，"高度"为"210毫米"，"分辨率"为"75像素/英寸"，"颜色模式"为"RGB颜色"，单击"确定"按钮，创建一个新的图像文件。

2 新建"图层1"，设置前景色为R：240、G：205、B：190。单击"矩形工具"，在属性栏上选择填充px，在几何图形中勾选"固定大小"，设置"宽度"为"14厘米"，"高度"为"14厘米"，在画面上出现一个正方形，复制"图层1副本"备用，效果如图1-50所示。

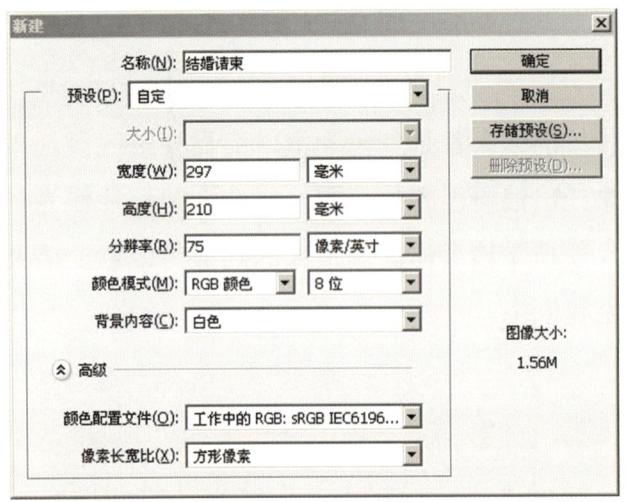

图1-49 新建文件

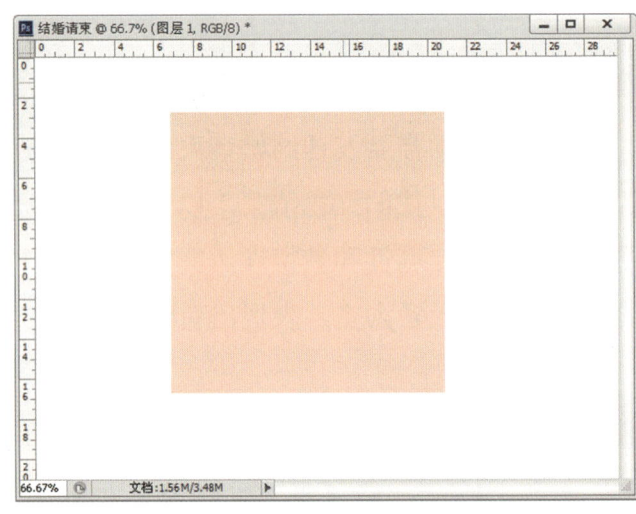

图1-50 填充色彩

3 打开本书配套资源中的"素材\项目1\任务3\照片.jpg"文件，移动到请柬文件里。按<Ctrl+T>组合键，调整大小，使宽度与"图层1"宽度一致，将其移动到上方，如图1-51所示。

4 新建"图层3"，选择"自定义形状工具"，在属性栏上选择填充px，形状为装饰5，按<Shift>键绘制出一个花纹。执行"编辑"→"描边"命令，弹出"描边"对话框，设置描边为1.5px，位置居中，加粗花纹的线条，如图1-52所示。

图1-51 移动图片

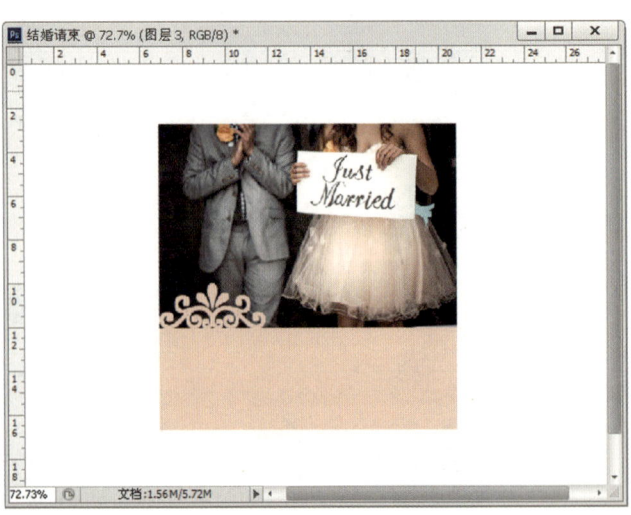

图1-52 添加花纹

5 选择花纹，按<Alt>键，向右水平移动，复制花纹副本，连续复制2个并排放在一起。选择花纹的3个图层，合并图层为"图层3 副本2"。按<Ctrl+T>组合键，调整大小，放在照片下方，如图1-53所示。

6 设置前景色为深灰色（R：100、G：88、B：92），选择"文字工具"，输入"2014.3.14 Friday welcome to our wedding"，选择字符面板，调整参数，字体Chaparral Pro、大小24点、行距36点、字体加粗。选择段落面板勾选居中对齐文本。移动到下方，如图1-54所示。

图1-53 复制花纹

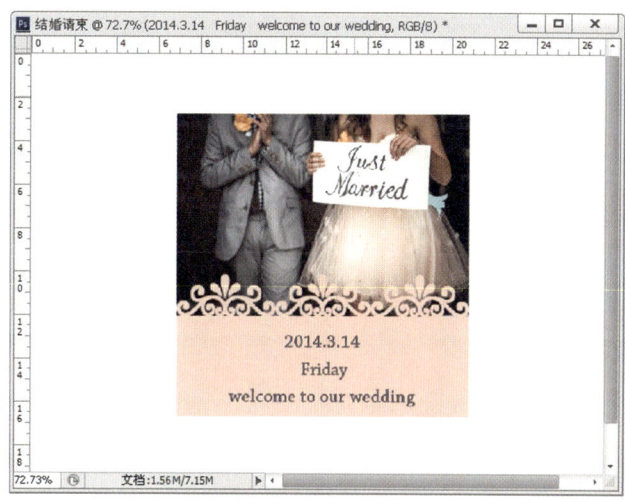

图1-54 输入文字

7 将"图层1副本""图层2""图层3副本"与文字图层合并，并更改图层名字为"封面"。复制图层为封面副本备用。

8 制作图案。执行"文件"→"新建"命令，打开"新建"对话框，将其"宽度""高度"均设置为"30毫米"，"分辨率"设置为"100像素/英寸"，"颜色模式"设置为"RGB颜色"，背景内容为透明。单击"确定"按钮，创建一个新的透明图像文件，如图1-55所示。

9 新建"图层1"，前景色设为白色，选择"自定义形状工具"，在属性栏上选择填充px，形状为装饰5，按<Shift>键绘制一个花纹。复制图层，执行"编辑"→"变换"→"垂直反转"命令，移动两个图进行连接。合并花纹的两个图层得到"图层2"副本，如图1-56所示。按<Ctrl+T>组合键，调整为大小合适的正方形，移动到画面中心，如图1-57所示。

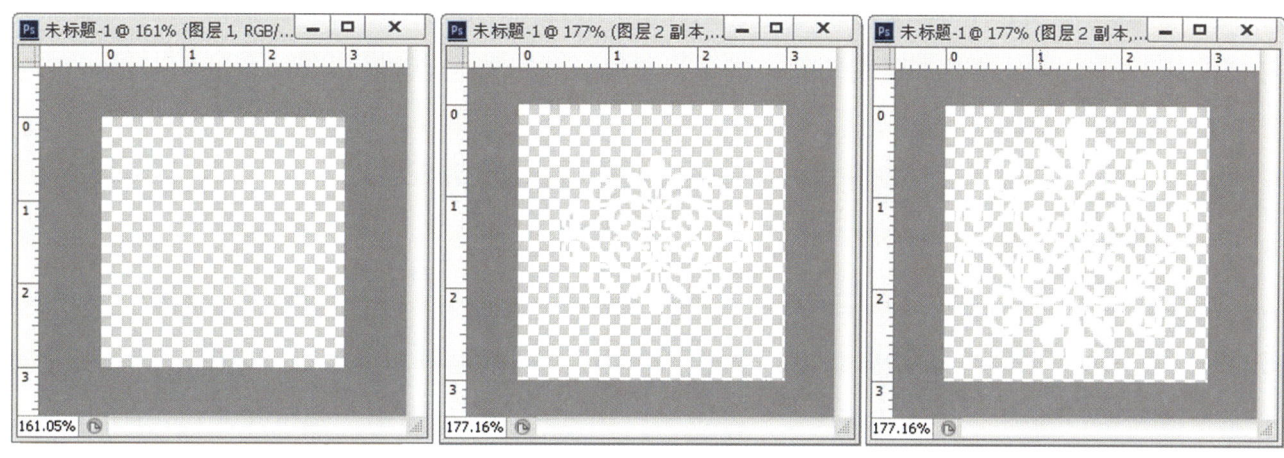

图1-55 新建文件　　　　　　图1-56 自定义花纹　　　　　　图1-57 移动花纹

10 执行"编辑"→"定义图案"命令，打开"图案名称"对话框，将名称改为"图案"，单击"确定"按钮，如图1-58所示。

图1-58　自定义图案

11 返回结婚请柬文件，隐藏封面的图层，把"图层1"载入选区。在图层面板下方单击"创建新的填充或调整图层"按钮，选择图案命令。弹出"图案填充"对话框，选择自定的图案，缩放70%，勾选"贴紧原点"。新建一个"图案填充1"图层。设置不透明度为50%，如图1-59和图1-60所示。

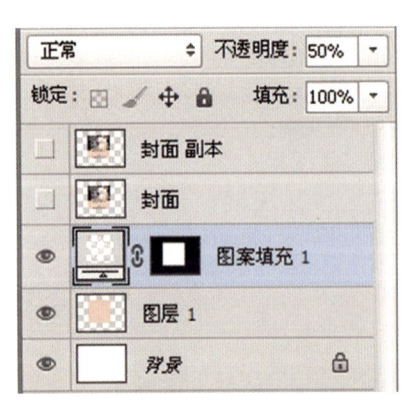
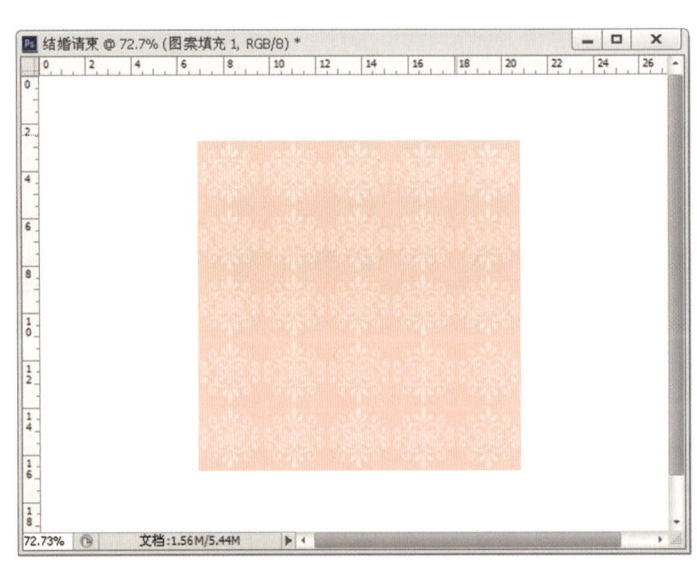

图1-59　新建图层　　　　　　　　　图1-60　填充图案

12 将"图案填充1"图层与"图层1"合并，并改名为内页。复制图层为内页副本。

13 新建"图层1"，前景色设为深灰色（R：100、G：88、B：92），再次选择"自定义形状工具"，在属性栏上选择填充px，形状为装饰5，按<Shift>键画出花纹，放在画面上方中间位置，如图1-61所示。

14 选择文字工具，输入段落文字"沉浸在幸福中的我们俩于　　公历：2014年3月14　农历：甲午年二月十四　星期五　举办新婚喜宴　恭请＿＿＿＿＿＿＿＿＿光临　席设：香格里拉酒店宴会厅　×时恭候　×时入席　地址：广州市海珠区琶洲大道中　罗××　朱××　恭候"。段落居中，选择字符面板，调整参数，字体为"黑体"、个别行大小为"18点"、其他大小为"14点"，行距为"30点"，字体加粗，颜色深灰色（R：100、G：88、B：92），如图1-62所示。

项目1　卡片设计

图1-61　重新绘制图案

图1-62　输入文字

⓯ 将图层1、文本与内页副本图层合并为"图层1"。

⓰ 选择封面图层，执行"选择"→"变换"→"斜切"命令，把封面往下移，再按<Ctrl+T>组合键，往左移动，做成半打开效果，如图1-63所示。

⓱ 新建图层，选择"矩形选框工具"，羽化半径为2px，在封面左边画一条边。填充一条白边，不透明度设为35%，制作出折叠边的效果，如图1-64所示。然后添加投影效果。

图1-63　展开效果

图1-64　折叠边效果

⓲ 选择内页图层，添加投影效果，用同样方法为封面图层添加投影，两个图层与"图层1"合并为封面图层，按<Ctrl+T>组合键，调整大小，向背景左上方移动，如图1-65所示。

⓳ 单击"图层1"，执行"选择"→"变换"→"斜切透视扭曲"命令，制作出斜躺效果，添加投影效果。用同样的方法将封面副本制作成打开形状并添加投影。合并"图层1"与"封面副本"图层，命名为"封面副本"，如图1-66所示。

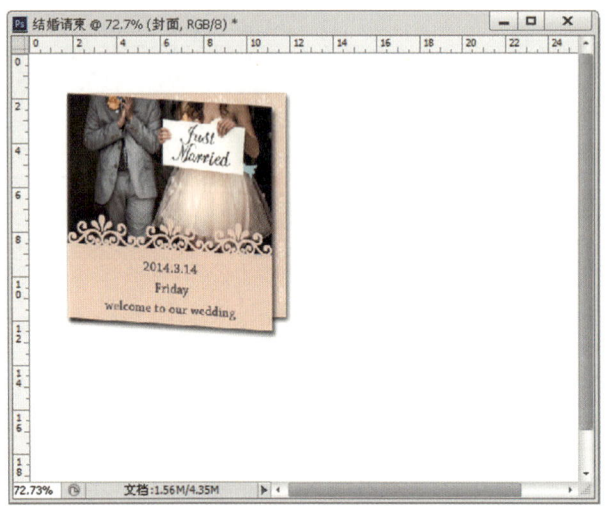

图1-65　添加投影

图1-66　展开效果

20 将背景填充颜色设为深灰色（其R、B、G均为73），本任务制作完成。最终效果如图1-67所示。

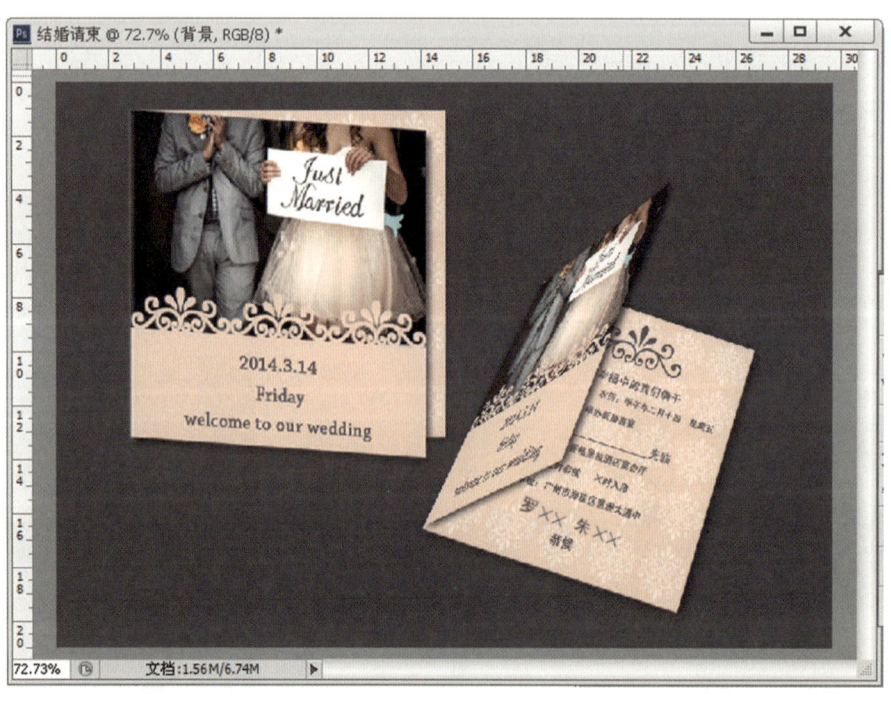

图1-67　最终效果图

知识技巧点拨

1）在Photoshop中，填充图案有两种方法：①选择菜单栏中的"选择"→"填充"命令，可以填充图案，但此命令只能按图案原来的大小平铺，不能调整图案大小；②选择菜单栏中的"图层"→"新建填充图层"命令，此命令可以调整图案的大小，还能根据画面随时更改比例。

2）请柬的打开效果，不能只用"自由变换工具"调整，一定要结合变换命令中的"切变工具""透视工具""扭曲工具"，交替使用调整，同时要懂得透视的基本原理，才能做出斜躺或打开效果。

任务拓展　母亲节贺卡设计

给自己的母亲设计制作一款节日贺卡,完成后去印刷公司制作输出成品,然后送给自己的母亲作为节日礼物。

任务描述

搜索一些你喜欢的贺卡图片和相关的素材,制作一款母亲节的贺卡,在母亲节时送给自己的母亲。

任务要求

在制作节日贺卡过程中,要注意贺卡画面的相关元素,版面整洁、美观、温馨,信息排列合理而有序、不紊乱,能突出贺卡传递温情的目的。

任务提示

1)在制作过程中,可以先确定好背景,通常背景采用渐变色。

2)注意图像的大小和分辨率的设置。

3)适当采用图层混合模式和字体特效,在图片的融合和信息的突出中起到合适的作用。

项目2 标志设计

> **项目描述**
>
> 　　标志设计是一种图形符号艺术，标志与文字符号有着一定的共同性，它融合了图形艺术，并有着高度简化和抽象性的符号特征。随着经济的发展，标志是展示企业形象的一个重要元素，融合企业的精神内涵、文化性质和未来展望等信息，能以高度概括、高度简化的图形展示深刻的内涵，对企业的宣传效果不言而喻，现代企业都很重视企业标志的设计。
>
> **学习目标**
>
> 　　标志设计的项目主要是掌握运用Photoshop中的一些基本工具制作出简单又有个性的实例。例如运用"钢笔工具""渐变工具""椭圆工具"、羽化命令、滤镜等制作出个性的效果。运用自由变换、图层混合模式进行合理的制作。

任务1
音乐电台标志设计

任务描述

本任务是设计音乐电台标志。整个标志的主色调是明亮的绿色，添加具有涂鸦风格的耳机图案，更加彰显了音乐电台轻松、活泼的风格，立体的字体效果使整个标志显得更加精致。

任务分析

本任务主要使用"钢笔工具"和"填充工具"制作标志的基本形状，使用"渐变工具"制作标志和背景的渐变效果，运用图层样式制作文字的立体效果。设计效果如图2-1所示。

图2-1　音乐电台标志效果

任务实施

1 启动Photoshop，执行"文件"→"新建"命令，打开"新建"对话框，如图2-2所示，设置文件"名称"为"音乐电台标志"，设置"宽度"为"15厘米"，"高度"为"10.09厘米"，"分辨率"为"300像素/英寸"，"颜色模式"为"8位RGB颜色"，单击"确定"按钮，创建一个新的图像文件。

2 选择工具栏中的"渐变工具"，然后打开"渐变编辑器"对话框，接着设置第1个色标的颜色为R：178、G：183、B：186，第2个色标为R：236、G：233、B：232，如图2-3所示，最后"背景"图层填充使用对称渐变色，填充方向从上向下，如图2-4所示。

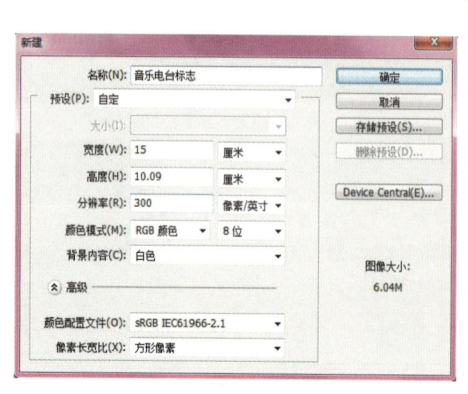

图2-2　新建文件

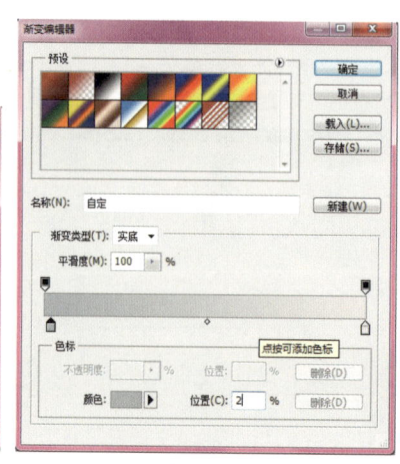

图2-3　设置色标颜色

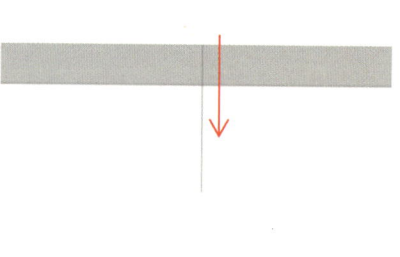

图2-4　填充方向

项目2　标志设计

3 新建"图层1",选择工具栏中的"椭圆选框工具" ,绘制一个如图2-5所示的圆形选区。

4 选择工具栏中的"渐变工具" ,打开"渐变编辑器"对话框,接着设置第1个色标的颜色为R:167、G:205、B:13,第2个色标的颜色为R:167、G:205、B:7,如图2-6所示,最后按照如图2-7所示的方向为"图层1"填充使用径向渐变色。

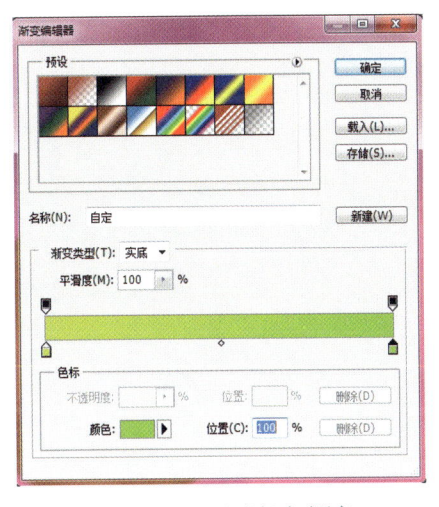

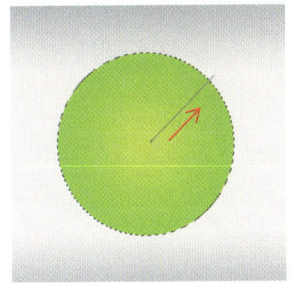

图2-5　绘制圆形选区　　　　　图2-6　设置渐变颜色　　　　　图2-7　填充渐变颜色

5 按<Ctrl+O>组合键,打开本书配套资源中的"素材\项目2\任务1\2-1.psd"文件,然后将其拖动到"音乐电台标志"操作界面中,接着将新生成的图层更名为"图层2",最后按<Alt>键将"图层2"创建为"图层1"的剪贴蒙版,如图2-8所示。创建剪贴蒙版后的效果如图2-9所示。

6 新建一个"图层3",然后使用"钢笔工具" ,绘制如图2-10所示的路径。

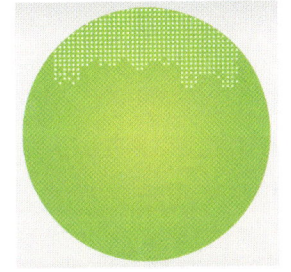

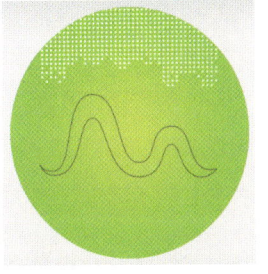

图2-8　创建剪贴蒙版　　　图2-9　创建剪贴蒙版后的效果　　　图2-10　绘制路径

7 按<Ctrl+Enter>组合键将路径转化为选区,然后打开"渐变编辑器"对话框,接着设置第1个色标的颜色为R:24、G:67、B:113,第2个色标的颜色为R:133、G:34、B:90,第3个色标的颜色为R:235、G:57、B:38,第4个色标的颜色为R:237、G:193、B:40,第5个色标的颜色为R:25、G:159、B:83,如图2-11所示。最后,从左向右为"图层3"填充使用线性渐变色,效果如图2-12所示。

8 按<Ctrl+J>组合键复制出两个副本图层,并暂时隐藏这两个副本图层,如图2-13所示。

9 选择"图层3",然后执行"图层"→"图层样式"→"斜面与浮雕"菜单命令,打开"图层样式"对话框,接着单击"光泽等高线"右侧的图标,并在弹出的"等高线编辑器"对话框中将等高线编辑成如图2-14所示的形状。最后,设置"样式"为"浮雕效果","深度"为40%,"方向"为"下","大小"为45像素,"高光模式"为"线性减淡(添加)",高亮颜色为R：53、G：199、B：253，高光不透明度为100%，"阴影模式"为"滤色"，阴影颜色为R：178、G：238、B：254，阴影不透明度为100%，具体参数设置如图2-15所示，效果如图2-16所示。

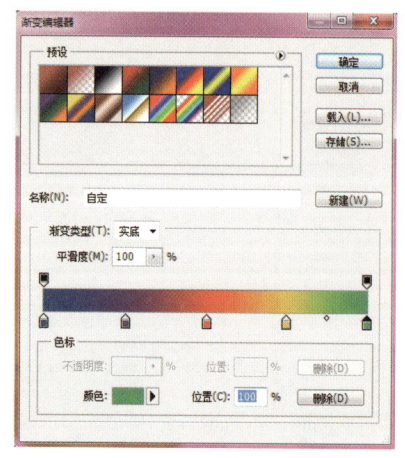

图2-11　设置渐变色

图2-12　填充渐变色

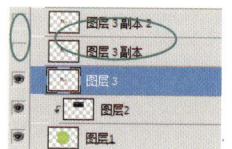

图2-13　隐藏图层

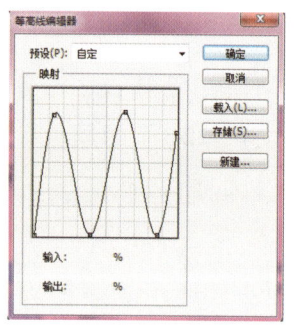

图2-14　编辑等高线

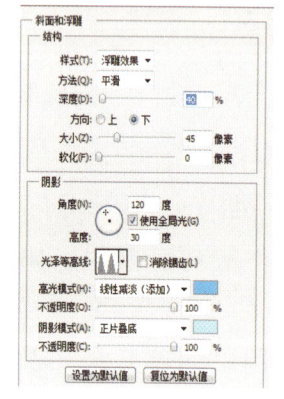

图2-15　设置浮雕效果

图2-16　设置浮雕后的效果

10 单击"斜面和浮雕"样式下面的"等高线"选项，打开"等高线"对话框，如图2-17所示，接着设置"范围"为74%，效果如图2-18所示。

11 在"图层样式"对话框中单击"内阴影"样式，然后设置阴影颜色为R：2、G：90、B：251，"不透明度"为87%，"距离"为7像素，"阻塞"为28%，"大小"为6像素，具体参数设置如图2-19所示，效果如图2-20所示。

12 在"图层样式"对话框中单击"外发光"样式，然后设置"不透明度"为86%，发光颜色为R：255、G：255、B：190，"大小"为5像素，具体参数设置如图2-21所示，效果如图2-22所示。

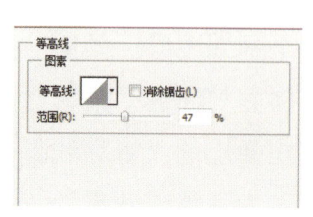

图2-17　设置等高线范围

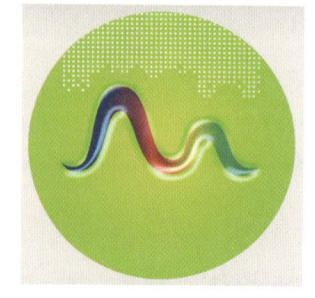

图2-18　设置等高线范围后的效果

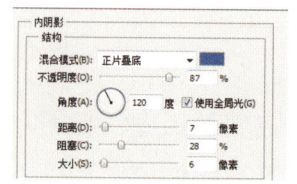

图2-19　设置内阴影样式

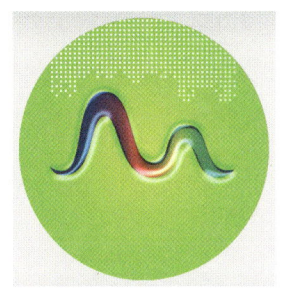 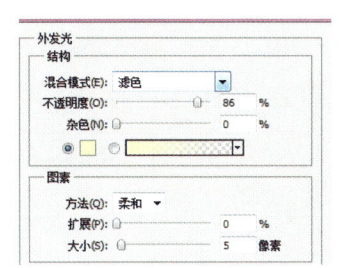 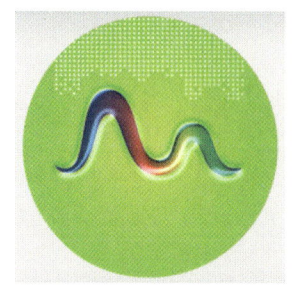

图2-20　设置内阴影样式后的效果　　图2-21　设置外发光效果　　图2-22　设置外发光后的效果

13 在"图层样式"对话框中单击"投影"样式，然后设置阴影颜色为R：132、G：130、B：130，"不透明度"为100%，"距离"为13像素，"大小"为0像素，"等高线"为"半圆"，具体参数设置如图2-23所示，效果如图2-24所示。

14 选择并显示"图层3副本2"，然后选择工具栏中的"移动工具" ，并按住<Shift>键单击键盘上的方向键"↑"若干次，效果如图2-25所示。

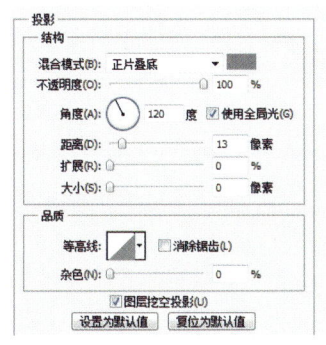 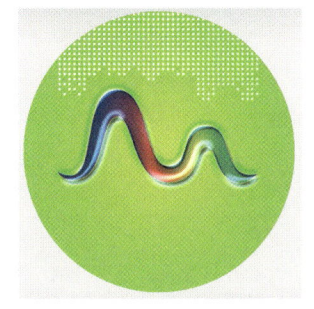 

图2-23　设置投影效果　　　　图2-24　设置投影后的效果　　图2-25　向上移动后的效果

15 选择"图层3"，然后执行"图层"→"图层样式"→"复制图层样式"命令，接着选择"图层3副本2"，最后执行"图层"→"图层样式"→"粘贴图层样式"命令，这样可以将"图层3"图层样式复制并粘贴给"图层3副本2"，效果如图2-26所示。

16 选择并显示"图层3副本"，然后执行"图层"→"图层样式"→"斜面与浮雕"命令，打开"图层样式"对话框，接着单击"光泽等高线"右侧的图标，并在弹出的"等高线编辑器"对话框中将等高线编辑成如图2-27所示的形状，最后设置"深度"为100%，"大小"为16像素，高亮颜色为R：255、G：239、B：255，高光"不透明度"为100%，"阴影模式"为"滤色"，阴影颜色为R：225、G：154、B：1，阴影"不透明度"为53%，具体参数设置如图2-28所示，效果如图2-29所示。

17 选择"斜面和浮雕"样式下面的"等高线"选项，然后为文字图层添加一个系统默认的"等高线"样式，效果如图2-30所示。

18 在"图层样式"对话框中单击"内阴影"样式，然后设置阴影颜色为R：3、G：139、B：232，"不透明度"为55%，"距离"为16像素，"阻塞"为13%，"大小"为18像素，具体参数设置如图2-31所示，效果如图2-32所示。

19 在"图层样式"对话框中单击"投影"样式，然后设置阴影颜色为R：1、G：15、B：88，"不透明度"为100%，"距离"为12像素，"大小"为2像素，"等高线"为"半圆"，具体参数设置如图2-33所示，效果如图2-34所示。

图2-26 复制图层样式效果

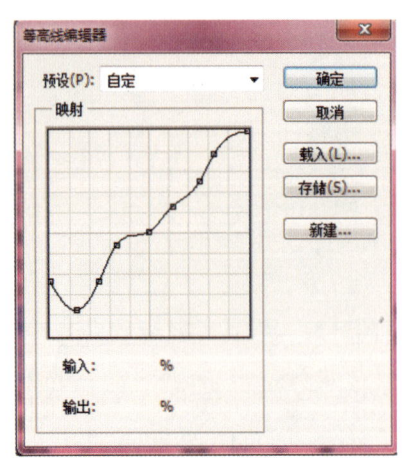
图2-27 编辑等高线

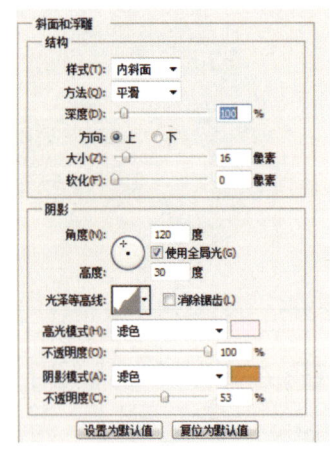
图2-28 斜面和浮雕的其他参数

图2-29 设置斜面和浮雕效果

图2-30 设置等高线效果

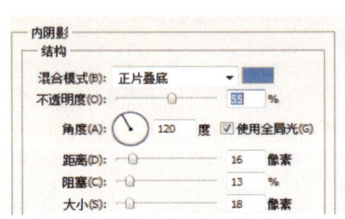
图2-31 设置内阴影参数

图2-32 设置内阴影效果

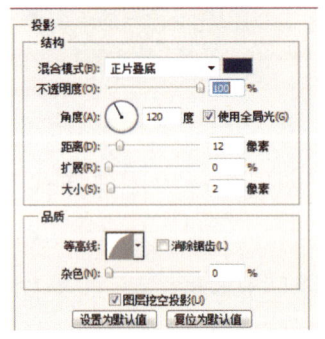
图2-33 设置投影参数

图2-34 设置投影效果

20 打开本书配套资源中的"素材\项目2\任务1\2-2.png"文件，然后将其拖动到"音乐电台标志"操作界面中，接着将新生成的图层更名为"图层4"图层，效果图如2-35所示。

21 选择"图层1"，然后使用"钢笔工具" 绘制出如图2-36所示的路径，接着按<Ctrl+Enter>组合键将路径转化为选区，最后按<Delete>键删除选区，效果如图2-37所示。

图2-35 添加耳机

图2-36 绘制路径

图2-37 删除选区

22 使用黑色"横排文字工具" （字体大小和样式可根据实际情况而定）在绘图区域输入字母，效果如图2-38所示。

23 执行"图层"→"图层样式"→"斜面与浮雕"菜单命令,打开"图层样式"对话框,然后设置"深度"为150%,"大小"为15像素,高亮颜色为R:237、G:233、B:201,高光"不透明度"为100%,"阴影模式"为"滤色",阴影颜色为R:127、G:163、B:16,阴影"不透明度"为100%,具体参数设置如图2-39所示,效果如图2-40所示。

图2-38 添加字母

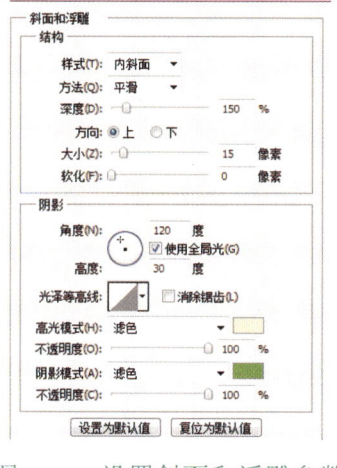
图2-39 设置斜面和浮雕参数

图2-40 设置字母斜面和浮雕效果

24 在"图层样式"对话框中单击"描边"样式,然后设置"大小"为5像素,"位置"为"居中","不透明度"为30%,颜色为R:255、G:251、B:249,具体参数设置如图2-41所示,效果如图2-42所示。

25 在"图层样式"对话框中单击"投影"样式,然后设置"不透明度"为85%,"距离"为4像素,"扩展"为6%,"大小"为13像素,"等高线"为画圆步骤,具体参数设置如图2-43所示,效果如图2-44所示。

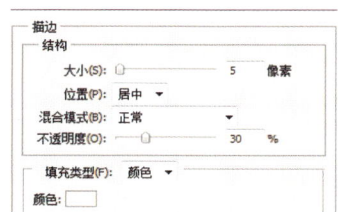
图2-41 设置描边参数

图2-42 描边效果

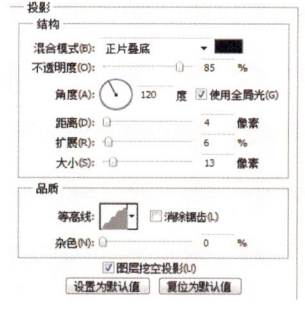
图2-43 设置投影参数

图2-44 设置投影效果

26 按<Ctrl+J>组合键复制一个文字副本图层,提高文字的透明质感,最终效果如图2-45所示。

图2-45 最终效果图

知识技巧点拨

1）在填充或选取不规则形状时，先勾画出路径，然后按<Ctrl+Enter>组合键将路径转化为选区是很好的方法，也是抠图的常用技巧之一。

2）"创建剪贴蒙版"的效果和"反选选区后再删除图像"的效果相似，但是后者制作出来的图像在边缘部分会产生锯齿，如果要调整图像的位置，就必须返回后再重新操作，而使用"创建剪贴蒙版"则可以随意调整图像的位置，整体框架也不会改变。

任务2 化妆品公司标志设计

任务描述

本任务是制作一款菡美国际化妆品公司标志。标志寓意该公司成立十周年，造型以圆为主题，形象地给人们带来完美的感觉。

任务分析

本任务主要使用CorelDRAW软件的"三点曲线工具""填充工具"和"文本工具"。"三点曲线工具"是比较常用的工具，在本任务中绘制了圆、翅膀等。使用"填充工具"使图像的色彩更加靓丽，引起视觉冲击。设计效果如图2-46所示。

图2-46　化妆品公司标志效果

任务实施

1 打开CorelDRAW，执行"文件"→"新建"命令，或者按<Ctrl+N>组合键，新建一个空白页面。

2 选择工具栏中的"文本工具"，在属性栏中将字体设置为"Arial Black"，字体大小设置为300，输入文字，如图2-47所示。

3 单击鼠标右键，在弹出的快捷菜单中选择"转换为曲线"选项，转化文字为曲线，选择工具栏中的"形状工具"，调整文字的形状，如图2-48所示。

4 选择工具栏中的"填充工具"，在隐藏工具组中选择"渐变填充"选项，在弹出的"渐变填充"对话框中设置颜色从浅蓝（C：47、M：0、Y：0、K：0）到深蓝（C：100、M：98、Y：0、K：0）的线性渐变，单击"确定"按钮，如图2-49所示。

5 选择工具栏中的"椭圆形工具"，按住<Ctrl>键，绘制正圆，如图2-50所示。

  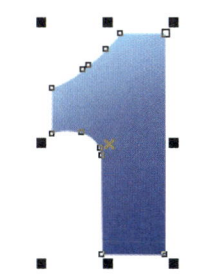  

图2-47　输入文字　　　图2-48　调整形状　　　图2-49　填充渐变色　　　图2-50　绘制正圆

6 选择工具栏中"三点曲线工具"，绘制图形，选择工具栏中的"填充工具"，在隐藏工具组中选择"渐变填充"选项，在弹出的"渐变填充"对话框中设置颜色为从紫色（C：70、M：100、Y：0、K：0）到淡紫色（C：30、M：40、Y：0、K：0）的线性渐变，单击"确定"按钮，用鼠标右键单击调色板上的☒按钮，去掉其轮廓线，如图2-51所示。

7 选择工具栏中的"选择工具"，单击图形，当图形改变为旋转样式时，把中心移动到与绘制的正圆中心对齐，在属性栏"旋转角度"中，设置为7，当光标放置到图形上时出现双箭头的旋转图标，拖动光标到合适的位置时右击鼠标，对图形进行复制，如图2-52所示。

8 多次按下<Ctrl+D>组合键，实现再复制命令，如图2-53所示。

   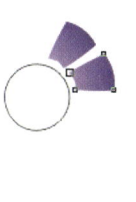 

图2-51　绘制图形并填充渐变色　　　图2-52　复制图形　　　图2-53　再复制

9 选择工具栏中的"选择工具"，移动位置，并调整图形大小，选中绘制的图形，按<Delete>键删除圆形，如图2-54所示。

10 选中复制的图形，选择工具栏中的"填充工具"，在隐藏工具组中选择"渐变填充"选项，在弹出的"渐变填充"对话框中设置颜色从红色（C：0、M：100、Y：100、K：0）到橘黄色（C：0、M：58、Y：100、K：0）的线性渐变，单击"确定"按钮，如图2-55所示。

11 使用同样的方法，对其他复制图形进行渐变色填充，如图2-56所示。

12 选中所有复制的图形，单击菜单栏中的"排列"→"群组"命令，选择工具栏中的"选择工具"，对图形大小和位置进行调整，如图2-57所示。

⓭ 选择工具栏中的"三点曲线工具"，绘制图形，如图2-58所示。

⓮ 选择工具栏中的"填充工具"，在隐藏工具组中选择"渐变填充"选项，在弹出的"渐变填充"对话框中设置颜色从红色（C：0、M：93、Y：100、K：0）到黄色（C：0、M：0、Y：100、K：0）的线性渐变，单击"确定"按钮，如图2-59所示。

图2-54　调整图形　　　　　　图2-55　填充渐变色　　　　　　图2-56　填充渐变色

图2-57　调整图形大小和位置　　图2-58　绘制图形　　　　　　图2-59　填充渐变色

⓯ 右击调色板上的⊠按钮，去掉其轮廓线，如图2-60所示。

⓰ 复制图形，选择工具栏中的"选择工具"，调整图形大小，如图2-61所示。

⓱ 选中两个图形，拖动光标到合适的位置时右击鼠标，复制图形，在属性栏中单击"水平镜像"，如图2-62所示。

图2-60　去掉轮廓线　　　　　　图2-61　复制图形　　　　　　图2-62　水平镜像

⓲ 选择工具栏中的"文本工具"字，在属性栏中设置字体为"黑体"，大小为"36"，颜色设置为"红色"，输入文字，如图2-63所示。

⓳ 使用同样的方法，输入其他文字，完成最终效果如图2-64所示。

图2-63　输入文字　　　　　　　　　　　图2-64　最终效果图

项目2 标志设计

知识技巧点拨

1)"三点曲线"工具是根据曲线的两个端点和线条上的另一个点来绘制曲线的,即先确定曲线的起点和终点,再确定曲线上的另一点,曲线的弯曲程度根据曲线上的另一点来确定。

2)在使用三点曲线绘制图形的过程中,会再现很多的节点,不会以平滑形式出现,这时需要选择"铅笔工具",放在要删掉的节点上,单击鼠标左键删除节点,再选中节点在属性栏中设置为平滑节点,这样图形会变为平滑曲线。

任务3
优时软件标志设计

任务描述

商标是企业日常经营活动、广告宣传、文化建设、对外交流必不可少的元素。随着企业的成长,其价值也不断增长,由此可知标志设计的重要性。本任务是一起学习设计一个软件标志,此标志是通过取企业英文名的简写"ES"两个字母作为标志的原型设计,适当添加一些图形元素,并填充渐变色,丰富其图形的层次感。

任务分析

本任务是学习"优时软件标志"的设计与制作,主要是应用"钢笔工具"绘制路径,并结合路径的增减命令,得到完整的"ES"的字形,最后填充渐变颜色。效果图如图2-65所示。

图2-65 优时软件标志设计效果

任务实施

❶ 启动Photoshop,新建340×283px的文件,如图2-66所示。

❷ 单击图层面板底部的"创建新图层"按钮 ,然后调出网格参考辅助线。执行"视图"→"显示"→"网格"命令调出网格线,如图2-67所示。

❸ 单击工具栏中的"钢笔工具" ,在"图层一"绘制出图形的路径,如图2-68所示,然后按<Ctrl+Enter>组合键,把绘制出的图形路径转换为选区,如图2-69所示。

❹ 单击工具栏中的"渐变工具" ,双击"渐变编辑器"按钮,在"渐变编辑器"里单击"色标" ,改变色标颜色为e21d4b、2e214f,如图2-70所示。

❺ 在"渐变"属性栏里选择"线性渐变",从左向右拖动光标,如图2-71所示,效果图如图2-72所示。

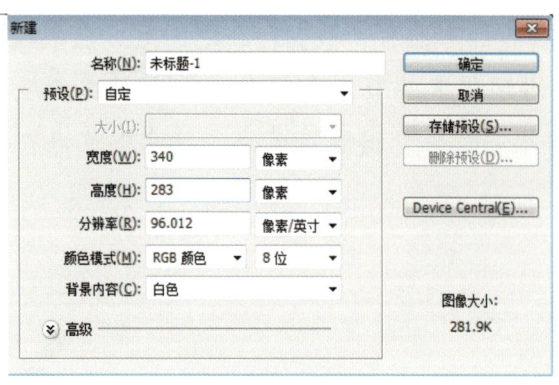

图2-66 新建文档

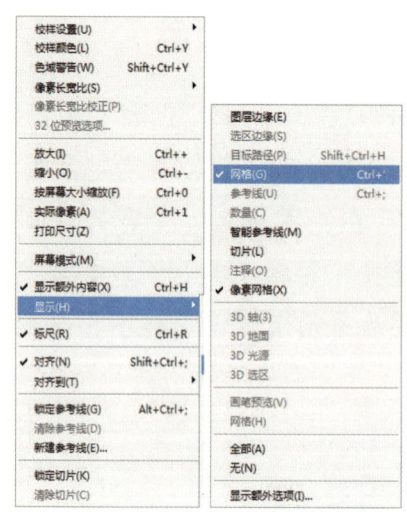

图2-67 设置参考线

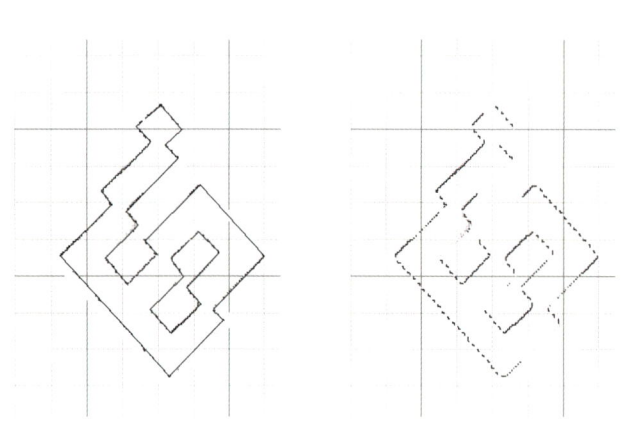

图2-68 绘制路径　　图2-69 路径转换为选区

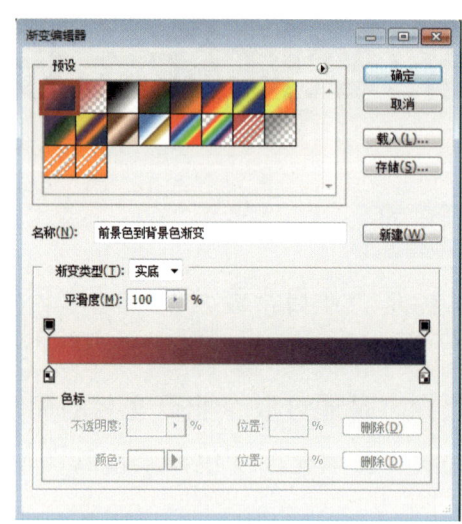

图2-70 设置渐变颜色

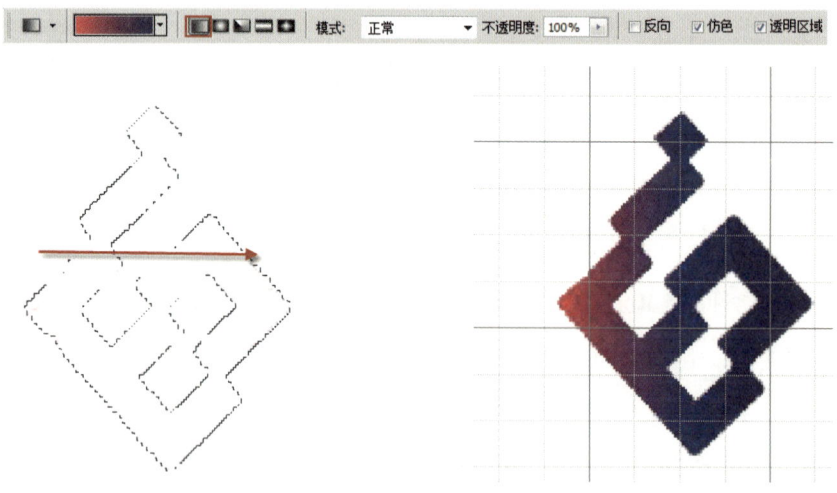

图2-71 线性渐变方向　　图2-72 线性渐变颜色

6 单击工具栏中的"横排文字工具"，输入"Eossoft"，字体为"Aharoni Bold"，大小为"36"，颜色为2e2053；"优时软件"字体为"黑体"，大小为"24"，颜色为2e2053，如图2-73所示。

7 最终效果图如图2-74所示。

图2-73 输入文字　　　　　　　图2-74 最终效果图

知识技巧点拨

1）标志其实是将企业具体的事物、事件、场景和抽象的精神、理念、方向通过特殊的图形固定下来，使人们在看到标志的同时，自然地对其相应的企业产生联想。

2）标志的设计与绘制都必须标准化、规范化，因为将来企业的标志定下来了，就要应用在企业的很多宣传产品中，因此，在绘制过程中一定要把网格调出来作为辅助线参考。

任务4 农商投资标志设计

任务描述

农商投资管理有限公司集投融资、电商、商业贸易、新能源科技、矿业开采、房地产、管理咨询、广告推广服务等为一体，是一家多元化、综合性的投资管理有限公司。以"诚信、稳健、创新、共赢"作为其经营投资理念，致力于各类金融、实体投资的业务，并立志成为全国的佼佼者。为进一步推广企业品牌，特要求为企业设计一款标志，能体现出企业行业特征以及企业文化内涵。

任务分析

本任务所要设计的标志更要体现出企业的专业性和开放性，所以设计定位要从投资公司的行业特征出发，强化标志视觉传达冲击力与可实施性，具有聚集财富的特征，并且要符合审美规律。在标志主题颜色上采用红色，红色具有热情、活力、宏观、奋发向上的含义，从而能体现出农商投资管理有限公司的宗旨以及农商员工的工作态度和热情。"农商投资"标志效果图如图2-75所示。

图2-75 "农商投资"标志效果图

任务实施

1 打开CorelDRAW，新建一个210mm×210mm的空白文档，也可以按<Ctrl+N>组合键创建文档，如图2-76所示。按<Ctrl+R>组合键显示标尺，再执行"视图"→"设置"→"网格与标尺设置"命令，如图2-77所示。

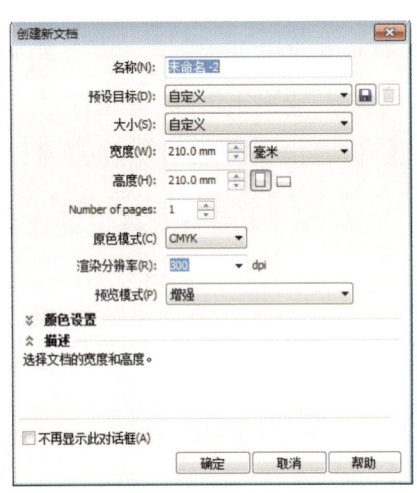

图2-76 新建文档

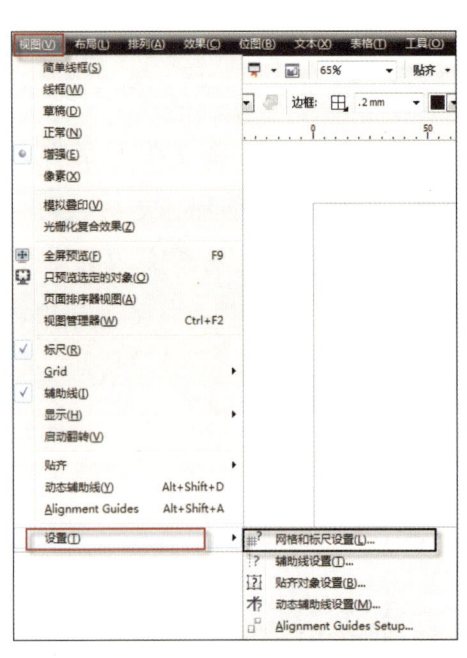

图2-77 调整网格线

2 单击工具栏中的"表格工具"，在属性栏中将网格的"行数"和"列数"分别设为25、20，网格的"边框"设为灰色（C：0、M：0、Y：0、K：50），"轮廓宽度"设为2mm，参数如图2-78所示。然后双击"表格工具"，弹出"选项"对话框，单击左侧的"文档"→"网格"选项，参数如图2-79所示。在工作区从左上向右下拖动绘制一个网格，效果如图2-80所示。

图2-78 表格的参数

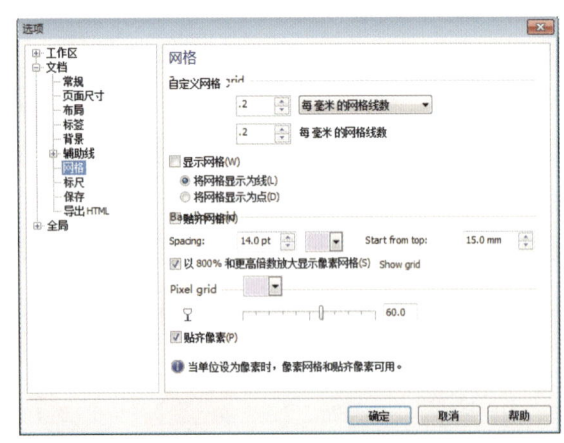

图2-79 网格选项

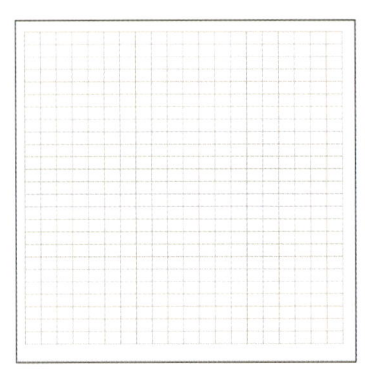

图2-80 网格线

3 单击工具栏中的"椭圆形工具"，在网格中央绘制3个大小不一的椭圆形，如图2-81所示，填充轮廓色为绿色、红色、蓝色，以此来区别。单击工具栏中的"矩形工具"绘制一个小矩形,在其属性工具栏中设置旋转角度为45°,放置圆心,把矩形轮廓色改为深蓝色(C:100、M:100、Y:0、K:0),如图2-82所示。

4 选中"红边线的圆",按<+>键复制一个,按<Shift>键使其稍微放大一些,并改变其轮廓色为黄色,如图2-83所示。

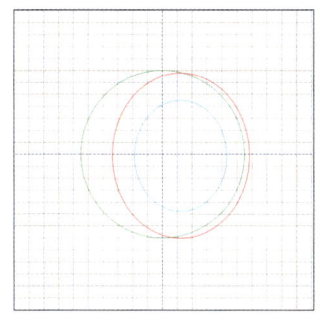
图2-81 三个椭圆

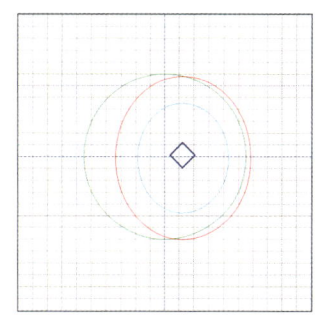
图2-82 添加矩形

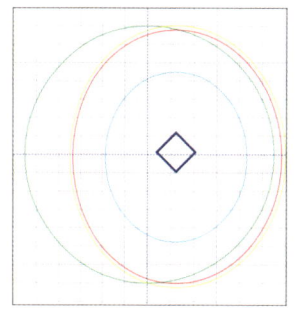
图2-83 添加黄色边线圆

5 选中"黄边线的圆"和"绿边线的圆",如图2-84所示。单击工具栏上的"修剪"按钮,然后删除"黄边线的圆",得到"绿边线月牙",如图2-85所示。

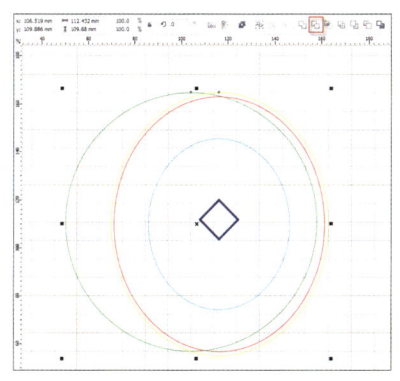
图2-84 选中"黄边线的圆"和"绿边线的圆"

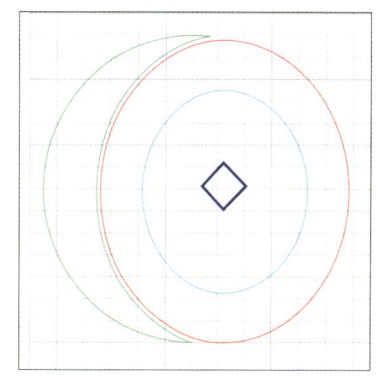
图2-85 制作绿边线月牙

6 同时选中"蓝边线的圆"与"红边线的圆",如图2-86所示,单击工具栏中的"修剪"按钮,删除"蓝边线的圆",得到一个圆环效果,如图2-87所示。

7 选中步骤5修剪好的"绿边线月牙",按<+>键复制一个,填充黄色,并进行旋转,如图2-88所示,再复制一个月牙形,填充为红色,分别旋转黄月牙、红月牙造型,放置到如图2-89所示的位置。

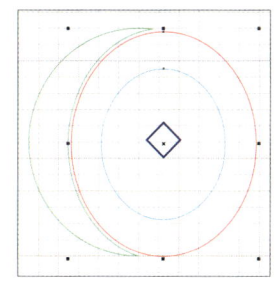
图2-86 选中"蓝边线的圆"与"红边线的圆"

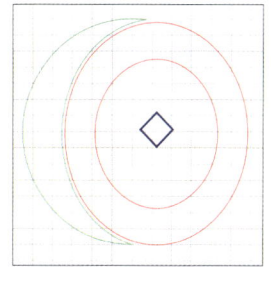
图2-87 制作圆环

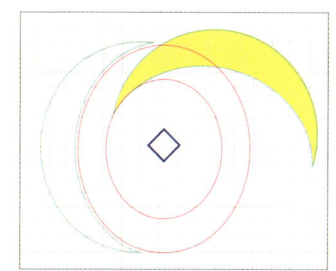
图2-88 复制旋转黄月牙

8 选中黄月牙与红圆环,单击工具栏上的"修剪"按钮,并删除黄月牙;选中红月牙与红圆环,单击"修剪"按钮,并删除红月牙,最后得到如图2-90所示的造型。将此形状填充为红色,如图2-91所示。

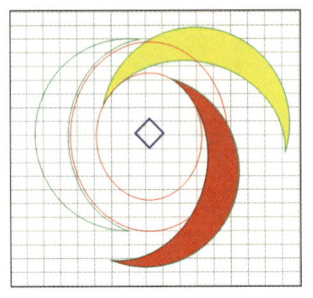

图2-89 复制旋转红月牙

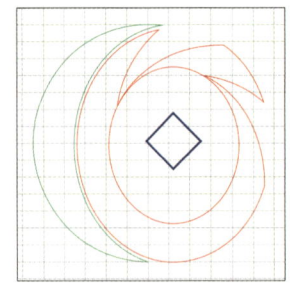

图2-90 圆环

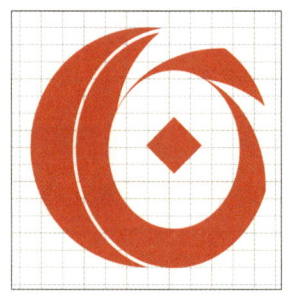

图2-91 最终效果

知识技巧点拨

1) 在CorelDRAW中绘制图形或者文字时，如果只想绘制得到一个图形的轮廓线，可以在CorelDRAW右边的颜色工具栏最上方的⊠位置单击鼠标。若单击鼠标右键，则可以去掉图形或者文字的边框。

2) 标志的设计与绘制都必须标准化、规范化，因为将来企业的标志定下来了，就要应用于企业的很多宣传产品中，因此，在绘制过程中一定要把网格调出来作为辅助线参考。

任务拓展 《中学生报》标志设计

给《中学生报》设计一个标志。

任务描述

《中学生报》创刊于20世纪80年代（1981年），作为一家辅导青少年健康成长的纸质媒体，一直紧跟时代步伐，不断创新提升报纸质量，已成为千百万青少年的成长和发展的好伙伴。

任务要求

1) 体现《中学生报》的办报宗旨和内容定位，符合中学生的审美观，体现阳光、青春的特点。
2) 构图简洁，色彩明亮、鲜艳，有跳动感。
3) 寓意深刻，体现《中学生报》的特点。

任务提示

1) 在设计过程中，可以先进行创意构思，手绘几个草图。
2) 分别从报纸的阅读对象特点进行创意联想。

项目3 宣传海报设计

▶ 项目描述

宣传海报是工作生活中最常见的广告宣传品,比如各种精美的电影宣传海报、商店里的大幅招贴海报等,具有吸引观众、传递产品信息的作用。

宣传海报多数采用印刷、喷绘等方式最终呈现在观众面前,以单张产品为主,尺寸的选择相对于报纸杂志广告等宣传品较为灵活,幅面通常比报纸杂志的广告大些,观众的阅读距离也比报纸杂志较远些,这些特点决定了在设计制作宣传海报过程中的参数设定,如幅面大小、制作分辨率等。

宣传海报内容以图像、图形线条、文字为主,要根据内容和输出方式选择合适的制作软件,以制作出符合客户要求的产品。

宣传海报的制作过程中,图像分辨率的设定需参照最终产品与受众的观察距离而决定。例如,产品如果是小幅面印刷品(如报纸杂志广告),通常的观察距离在20cm左右。下表可作为分辨率设定的参考值使用。

图像分辨率设定与观察距离之间的关系(参考值)						
分辨率/PPI	300	250	225	200	150	90
观察距离/cm	21	25	29	33	43	73

▶ 学习目标

通过宣传海报设计的项目制作学习,主要掌握图像、图形线条和文字处理软件的综合应用。在制作过程中掌握图像分辨率、色彩模式的合理选择;理解Photoshop和Illustrator之间的交叉应用,掌握图文混排及输出的设置。

任务1 化妆品宣传海报设计

任务描述

本任务需要制作产品宣传海报中常见到的化妆品宣传海报，主题背景颜色以清新简洁的浅色调突显产品特点，版式构图设计创意来源于生活中美妙的瞬间，美丽的人物形象搭配优雅的文字编排突显海报的主题和内容，简单而有意义。

任务分析

化妆品宣传海报设计效果如图3-1所示。本任务画面的版式和色彩烘托出产品舒爽亲切的感觉。

图3-1　化妆品宣传海报设计效果图

任务实施

1 启动Illustrator，选择工具栏中的"矩形工具" ，绘制一个640px×480px的矩形，如图3-2所示。填充"紫色→黑色"的径向渐变，效果如图3-3所示。

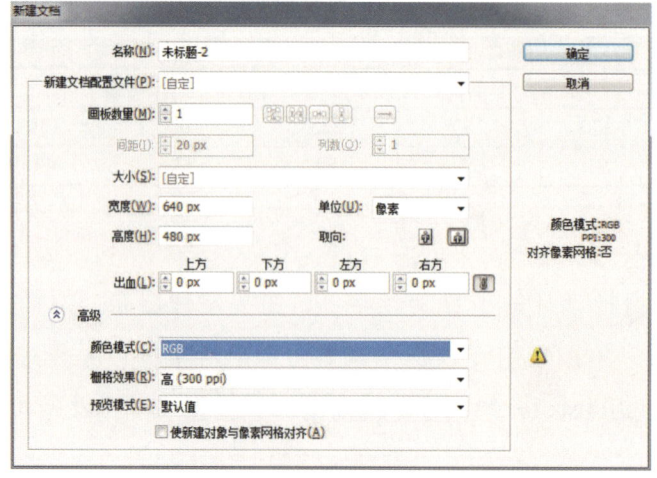

图3-2　新建文件

项目3 宣传海报设计

图3-3 填充渐变色

2 选择工具栏中的"直线工具" ，绘制一条5pt、45度的白色直线，效果如图3-4所示。

3 选择直线并按住<Alt>键不放，复制直线至右下方，如图3-5所示。

4 双击工具栏中的"混合工具" ，弹出"混合选项"对话框，在"间距（S）"选项中选择"指定的步数"， 设置为15，如图3-6所示。

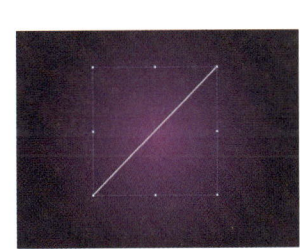
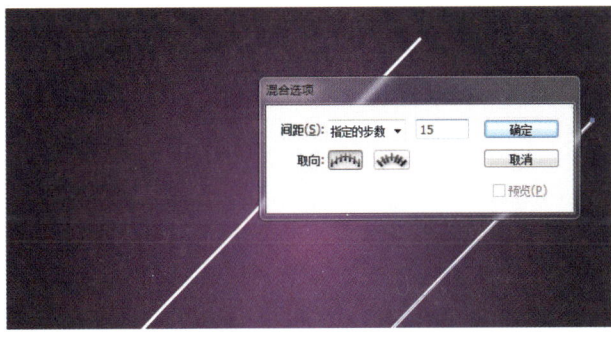

图3-4 绘制45度直线　　图3-5 复制直线　　　　　图3-6 设置混合选项

5 选择两条直线的同向末端，完成混合，如图3-7所示。

6 保持选中状态，执行"对象"→"扩展"命令，再执行"对象"→"路径"→"轮廓化描边"命令，如图3-8所示。

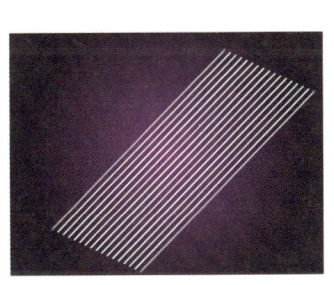
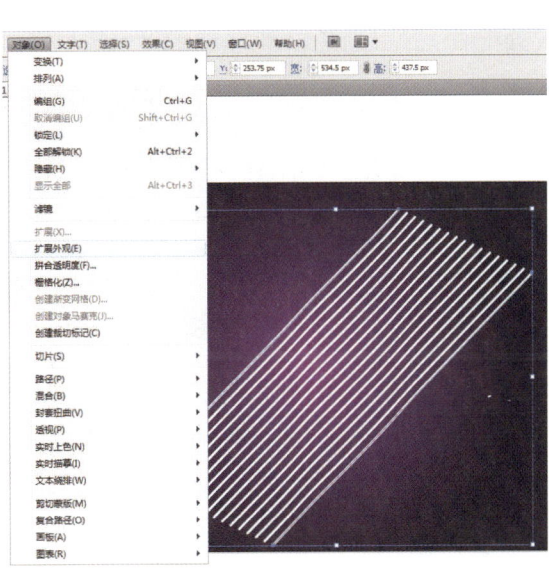

图3-7 完成混合模式　　　　　图3-8 轮廓化描边

41

7 填充渐变颜色，调整渐变颜色为比原来稍微亮一点的颜色，如图3-9所示。

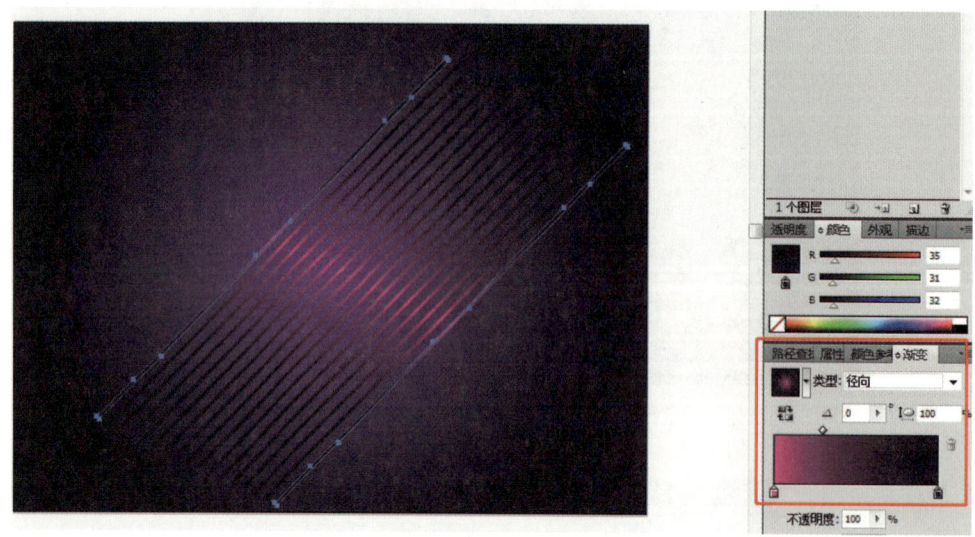

图3-9　填充渐变色

8 选择工具栏中的"椭圆工具"，绘制一个10px×10px的圆，填充为紫色，如图3-10所示。

9 选中圆形，执行"对象"→"路径"→"位移路径"命令，并填充为米黄色，如图3-11、图3-12所示。

　　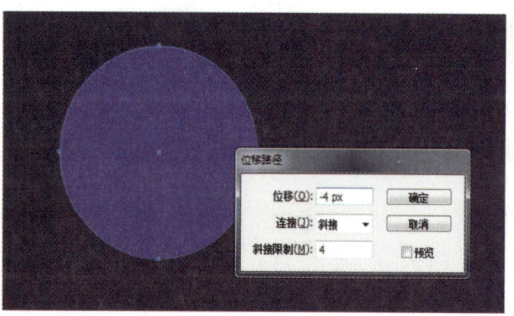　　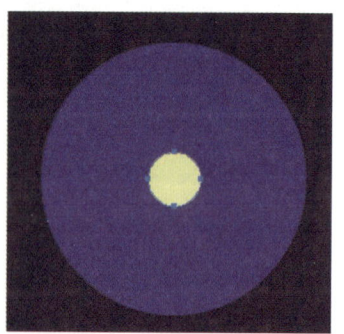

图3-10　绘制正圆　　　　　　图3-11　位移路径　　　　　　图3-12　填充米黄色

10 把大圆的不透明度改为0%，如图3-13所示。

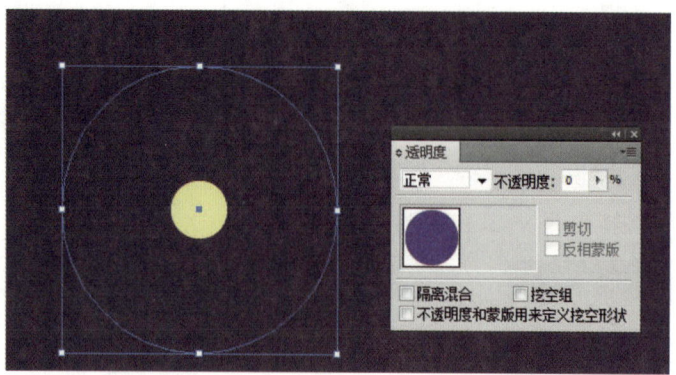

图3-13　修改不透明度

11 双击工具栏中的"混合工具"，弹出"混合选项"对话框，在"间距（S）"选项中选择"平滑颜色"，单击"确定"按钮，如图3-14、图3-15所示。

12 复制一个圆形备用,如图3-16所示。

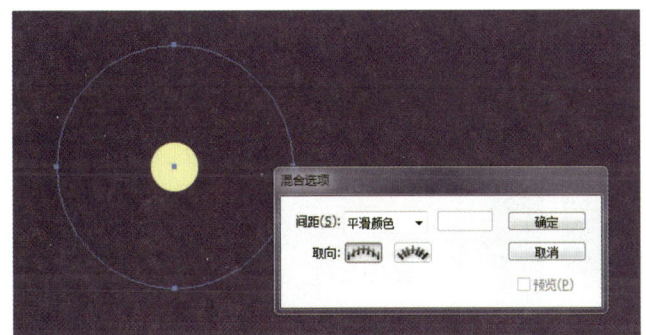
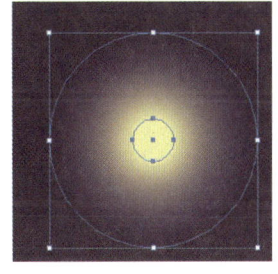
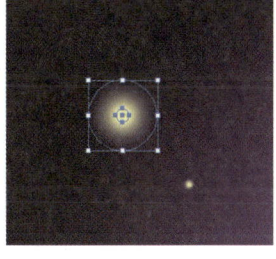

图3-14　修改混合模式　　　　　图3-15　平滑颜色　　图3-16　复制圆形

13 打开"画笔"控制面板,把图形拖进面板,在弹出的"新建画笔"对话框中选择"散点画笔",如图3-17所示。单击"确定"按钮,弹出"散点画笔选项"对话框,参数设置如图3-18所示。

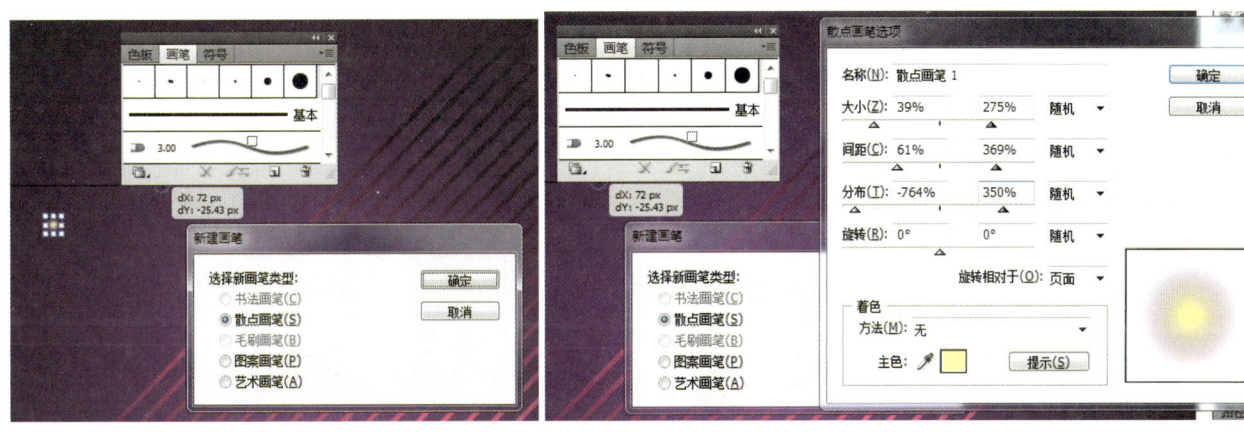

图3-17　选择散点画笔　　　　　　　　　　图3-18　调整画笔参数

14 选择工具栏中的"画笔工具" ,绘制曲线,把"模式"改为"柔光",如图3-19所示,效果如图3-20所示。

15 用"画笔工具"多绘制几条曲线,模式不变,如图3-21所示。

16 选择开始复制的圆形,改为"柔光"模式,多复制几个放在相应位置,如图3-22所示。

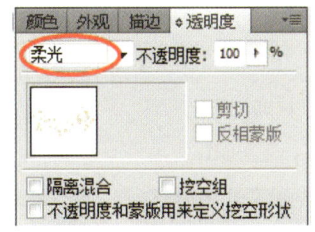

图3-19　调整图层样式　　图3-20　散点画笔效果　　图3-21　多绘制几条曲线　　图3-22　复制圆形

17 打开本书配套资源中的"素材\项目3\任务1",把"素材1.png"和"素材2.png"拖动到图像中,如图3-23所示。

18 制作化妆品产品倒影,复制一个产品,如图3-24所示。

19 选择倒影图像,右击并选择"变换"→"镜像"命令,弹出"镜像"对话框,在"轴"选项中选择"水平",然后单击"确定"按钮,如图3-25所示。

图3-23　置入素材　　　　图3-24　复制素材　　　　　图3-25　变换素材

20 将变换好的倒影图像和上面的产品贴紧，按<Shift+Ctrl+F10>组合键，调出透明度控制面板。单击右边的小三角，选择"建立不透明蒙版"，如图3-26所示。在弹出的对话框中勾选"剪切"选项，如图3-27所示。并在选中蒙版的状态下在倒影图的位置建立矩形，如图3-28所示。

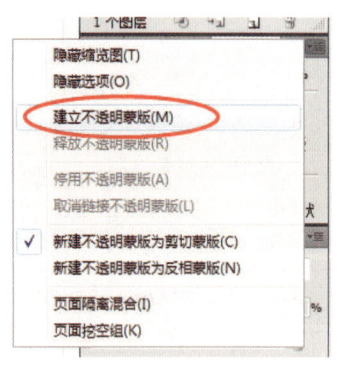
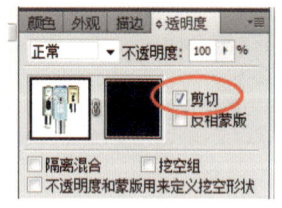

图3-26　建立不透明蒙版　　图3-27　勾选"剪切"选项　　图3-28　建立矩形

21 在矩形中填充黑白渐变，选择"渐变工具" ，可以任意改变黑白颜色的位置，这里的方法和Photoshop中的图层蒙版一样，白色是显示，黑色是遮挡，完成后，给倒影适当地改变一下透明度，如图3-29、图3-30所示。

22 输入文字，最终效果如图3-31所示。

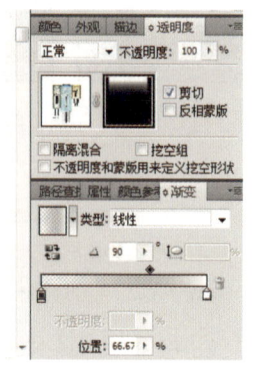

图3-29　倒影效果　　　　图3-30　调整不透明度　　　　图3-31　最终效果图

项目3 宣传海报设计

知识技巧点拨

1)使用图层蒙版时,与使用Photoshop中图层蒙版的方法一样,可多尝试几遍选择最合适的。

2)使用椭圆选择工具绘制的时候,要善于使用<Alt>键,单击并拖动光标复制填充好颜色的圆形,可以多进行练习。

在设计宣传海报时,要注重培养自己的职业素养,做到实事求是,要具备与广告创意工作相关的专业素养,以及生活经验和社会生活经验的积累。

任务2
蛋糕店宣传海报设计

任务描述

本任务需要设计制作蛋糕店的产品宣传海报。蛋糕店的多样化、趣味感、情调感使蛋糕不仅是食品的代名词,更是品味与身份的象征,所以如何体现它的品味和价值是海报制作前期应该思考和定位的。

任务分析

本任务主要采用直接表现的情感手法,通过背景烘托温暖的气氛,产品特写的版式布局设计表现蛋糕诱人的品质,通过鲜艳的色彩对比来增加视觉吸引力,刺激消费者的购买欲望,达到广告宣传的最终目的,效果如图3-32所示。

图3-32 蛋糕广告效果图

任务实施

1 启动Photoshop,执行"文件"→"新建"命令,打开"新建"对话框,如图3-33所示,设置文件"名称"为"蛋糕广告",设置"宽度"为210毫米,"高度"为297毫米,"分辨率"为300像素/英寸,"颜色模式"为RGB颜色,单击"确定"按钮,创建一个新的图像文件。

② 新建一个图层，重命名"背景1"，设置前景色为R：195、G：224、B：25，选择"油漆桶工具" ，填充"背景1"图层，效果如图3-34所示。

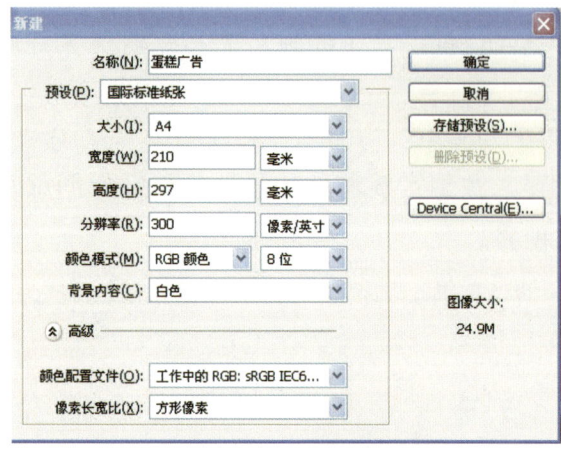

图3-33　新建文件

图3-34　填充背景色

③ 新建一个图层，重命名为"条纹"，选择"矩形选框工具" ，在该图层绘制一个条形矩形选区，填充白色，如图3-35所示。

④ 按<Ctrl+Alt+T>组合键，进入复制变换功能，复制出相同的一个条纹渐变，然后往右移一个条纹位置大小，按<Enter>键结束。紧接着连续按<Ctrl+Shift+Alt+T>组合键，连续复制相同的背景条纹，如图3-36和图3-37所示。

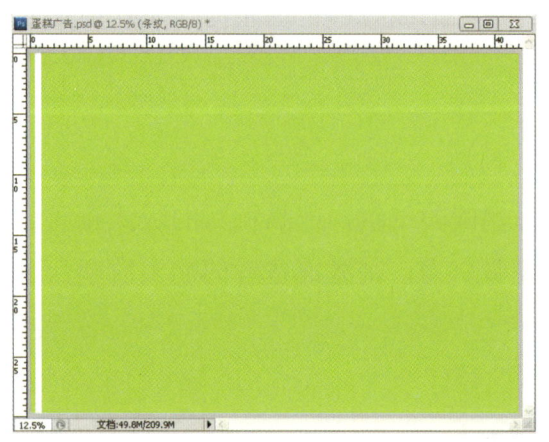

图3-35　填充白色

图3-36　复制变换

图3-37　复制效果

⑤ 按<Ctrl+E>组合键合并"条纹"图层和"背景"图层，重命名为"底纹"，给该图层添加图层蒙版，选择"线性渐变" ，在底纹图层蒙版上拉线性渐变效果，如图3-38所示。

图3-38　渐变效果

6 打开本书配套资源"素材\项目3\任务2\素材1.jpg"文件，把蛋糕素材移动到图像文件中，图层重命名为"素材1"，按<Ctrl+T>组合键，缩小图像移动到合适位置，按<Enter>键结束，如图3-39所示。

图3-39　导入素材

7 选择"素材1"图层，添加图层蒙版，选择工具栏中的"画笔工具"，调整画笔大小，在蒙版上绘制出如图3-40所示的效果，画面最终效果如图3-41所示。

图3-40　蒙版效果

图3-41　画面效果

8 打开本书配套资源中的"素材\项目3\任务2\标志.jpg"文件，把西饼屋标志移动到图像文件中，重命名为"标志"，按<Ctrl+T>组合键，缩小图像移动到合适位置，按<Enter>键结束，如图3-42所示。

图3-42　画面效果

⑨ 新建一个图层并重命名为"图底",然后选择工具栏中的"椭圆工具" ,按住<Shift>键绘制一个正圆,填充橘黄色,按住<Alt>键拖动该图形,分别复制两个正圆对齐并排,如图3-43所示。

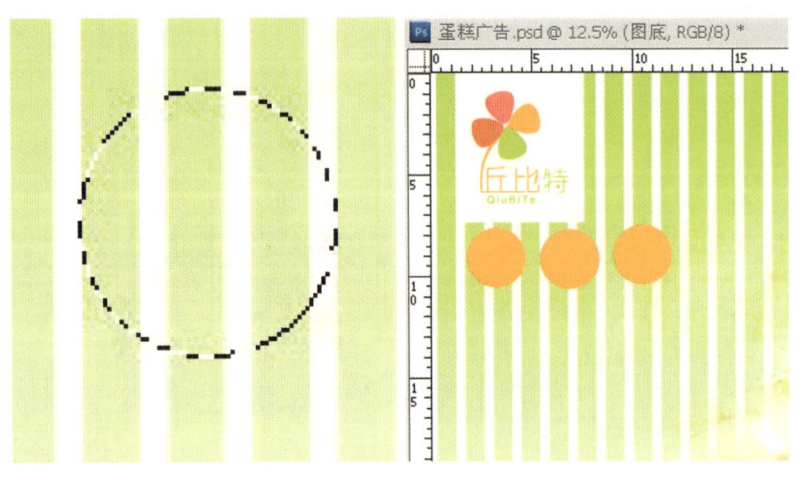

图3-43　绘制图形

⑩ 打开本书配套资源"素材\项目3\任务2"中的"素材2.jpg""素材3.jpg""素材4.jpg"文件,把3个图片移动到图像文件中,重命名为"素材2""素材3""素材4",按<Ctrl+T>组合键,缩小图像移动到橙色的圆形图形上方,按<Enter>键结束,然后用剪切蒙版分别给3张图片进行图形剪裁,如图3-44所示。

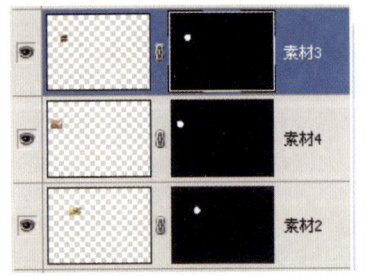

图3-44　图形剪裁

⑪ 选择"画笔工具" ,笔触选择"硬边圆",大小为"72"。新建一个图层并重命名为"手绘广告语"。然后用"画笔工具" 手绘"快来吃俺们!",手绘字的处理方式比较灵活,可以随意一点,让画面有POP宣传广告的味道,如图3-45所示。

图3-45　手绘广告语

项目3　宣传海报设计

12 选择工具栏中的"横排文字工具" ，输入广告文字内容，效果如图3-46所示。

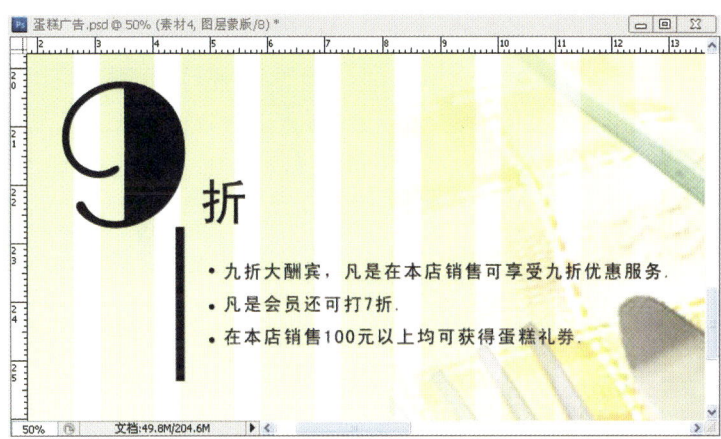

图3-46　输入文字

13 最后对画面的文字、图形做整体的细微调整。至此，本任务制作完成。效果如图3-47所示。

图3-47　完成效果

任务3
化妆品公司宣传海报设计

任务描述

本任务需要设计制作企业大型会议中经常见到的会议海报，以化妆品为主题的海报，以女性客户为主要观众，体现美感。本任务采用简洁的版式内容，通过背景烘托柔美的气氛，使用大幅产品特写和鲜艳的色彩来增强视觉冲击力。

任务分析

本任务效果如图3-48所示。鉴于客户要求,会场背景尺寸为300cm×100cm,最终结果为喷绘输出,由于观察距离比较远,制作过程中设置分辨率的大小不宜太大,主题背景颜色鲜艳抢眼,并通过突出产品的展示以显示会议的主题和内容,简洁明了。

图3-48　柔美丝化妆品公司会议海报效果图

任务实施

❶ 启动Photoshop,执行"文件"→"新建"命令,打开"新建"对话框,如图3-49所示,设置文件"名称"为"柔美丝化妆品公司会议海报",设置"宽度"为300厘米,"高度"为99.98厘米,"分辨率"为36像素/英寸,"颜色模式"为RGB颜色,单击"确定"按钮,创建一个新的图像文件。

❷ 设置前景色为R:17、G:37、B:80,选择"填充工具",填充"背景"图层,如图3-50所示。

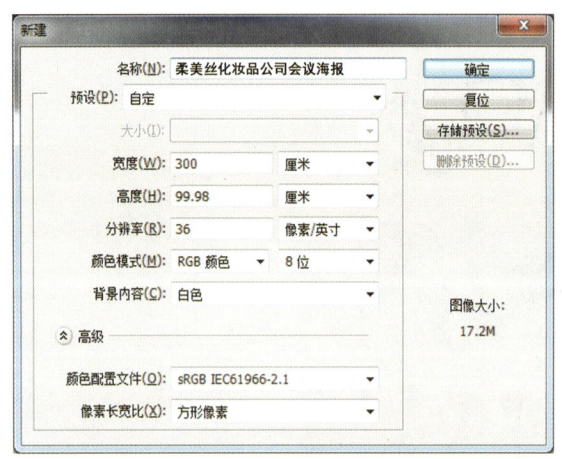

图3-49　新建文件　　　　　　　　　　　图3-50　填充背景色

❸ 新建一个图层,重命名为"背景肌理",选择此新图层,保持第❷步所选颜色(R:17、G:37、B:80)为前景色,背景色为白色,执行"滤镜"→"渲染"→"云彩"命令,在该图层建立云彩效果,并将图层模式设为"柔光",如图3-51~图3-53所示。

❹ 按<Ctrl+Shift+Alt+E>组合键盖印图层得到"复合背景01"图层,这样做可以保留制作过程图层,便于修改,在此图层上选择"椭圆选框工具"，新建椭圆选区,并按<Shift+F6>组合键设置羽化效果,羽化半径设为100像素,如图3-54和图3-55所示。

❺ 为了更方便地编辑选区,按<Q>键,进入快速蒙版模式,紧接着按<Ctrl+T>组合键,变换蒙版的位置,并进行旋转,调整至如图3-56所示的位置后,按<Enter>键结束。

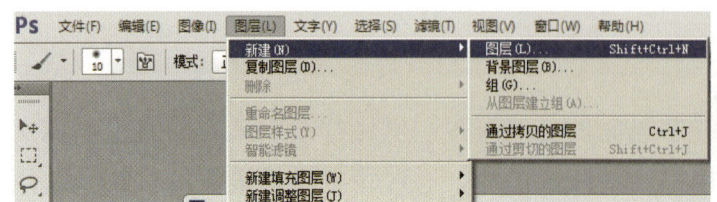　　

图3-51　新建图层　　　　　　　　　　　图3-52　新建云彩效果

项目3 宣传海报设计

图3-53 云彩特效及柔光模式设置

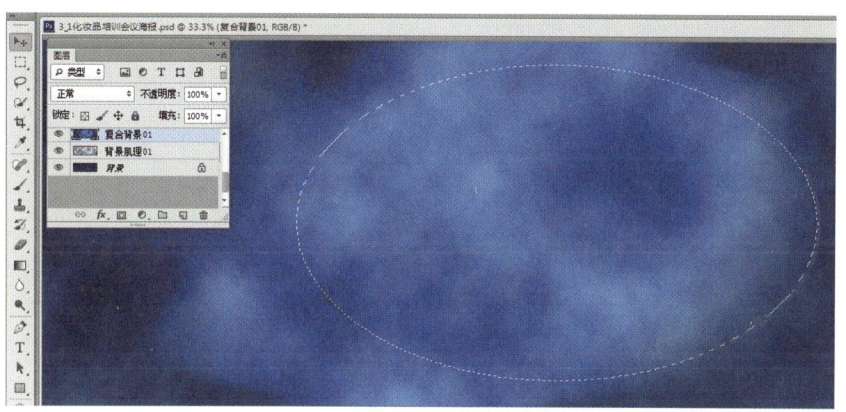

图3-54 设置线性渐变

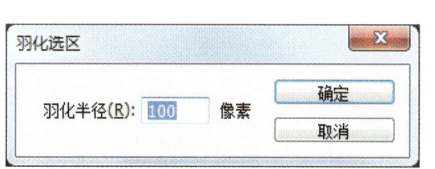

图3-55 设置选区羽化半径

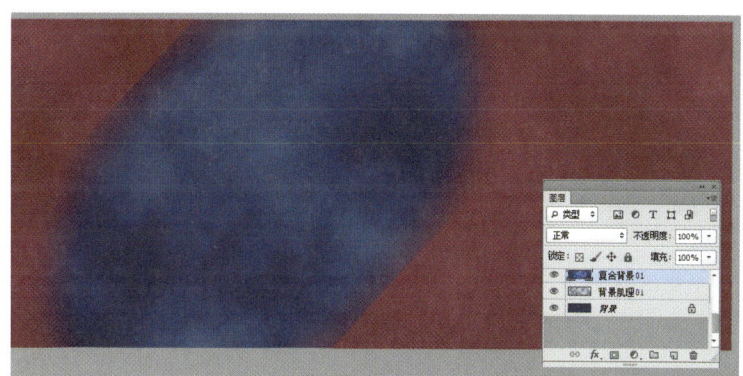

图3-56 快速蒙版的编辑变换

> **操作提示**
>
> 对于选取的编辑，如果仅靠使用工具栏中的工具进行编辑，难以完成多种编辑，因此可以使用快速蒙版或通道的方式进行编辑。本任务采用了快速蒙版（其实和临时Alpha通道作用一样）进行编辑。

6 执行"滤镜"→"扭曲"→"球面化"命令，按图3-57中的参数数据进行设定，按<Enter>键结束，如图3-57所示。

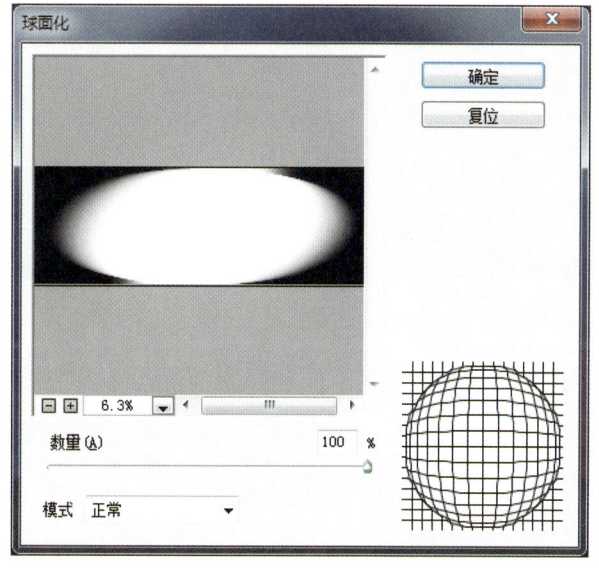

图3-57 对快速蒙版执行滤镜操作

51

7 按<Q>键，切换至选区模式，按<Ctrl+M>组合键对当前图层执行"曲线"操作，调整层次，使得背景层次更加丰富，参数如图3-58所示。效果如图3-59所示。

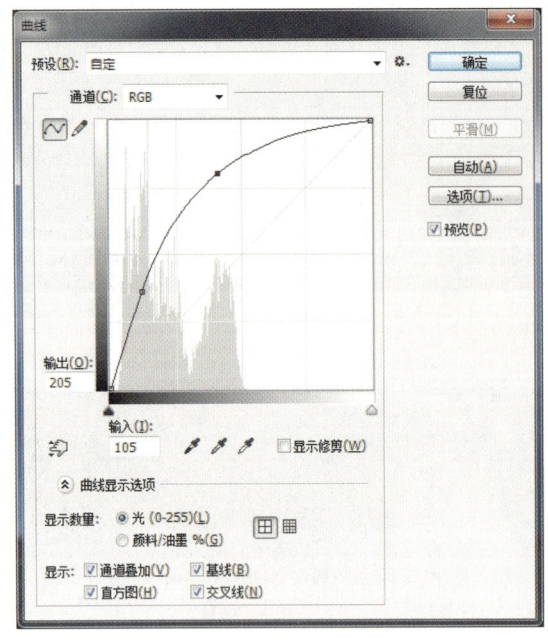

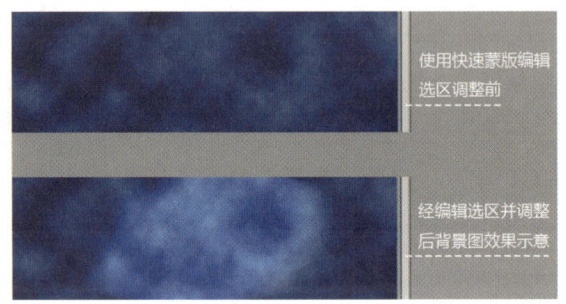

图3-58　曲线调整　　　　　　　　　　　图3-59　背景调整前后效果对比

8 按<Ctrl+D>组合键取消选区，打开本书配套资源中的"素材\项目3\任务3\山茶花素材.jpg"，用"椭圆选框工具"，选取如图3-60所示的部分花朵，并设置羽化半径为200像素，按<Ctrl+C>组合键复制。

9 将复制的花朵素材粘贴到背景肌理上，并按<Ctrl+T>组合键调整到合适的大小和位置，效果如图3-61所示。将花朵图层模式设置为"变亮"，将花朵融合在了背景当中。

图3-60　选取部分花朵并羽化复制　　　　　图3-61　效果图

10 打开本书配套资源中的"素材\项目3\任务3\星光.jpg"文件并复制粘贴进文件，置于花朵图层之上，并按<Ctrl+T>组合键调整到合适的大小位置，效果如图3-62所示，并将星光图层模式设置为"叠加"，不透明度设为45%，将星光素材也融合在背景中。

11 打开本书配套资源中的"素材\项目3\任务3\公司Logo.jpg"文件，用魔术棒或者其他选择工具选择素材的部分白底，执行"选择"→"选取相似"命令，如图3-63所示。

项目3 宣传海报设计

⓬ 执行"选择"→"反向"命令,并按<Ctrl+C>组合键进行复制,然后移至星光图层之上,并按<Ctrl+I>组合键将黑色Logo变换为白色Logo,如图3-64所示。

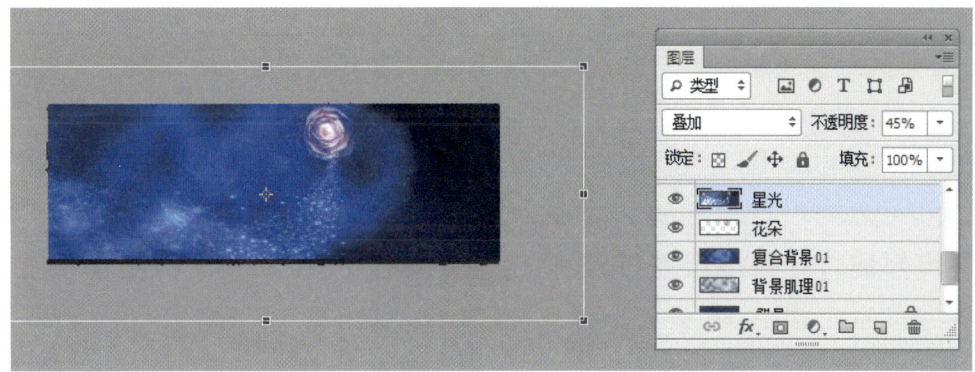

图3-62　效果图

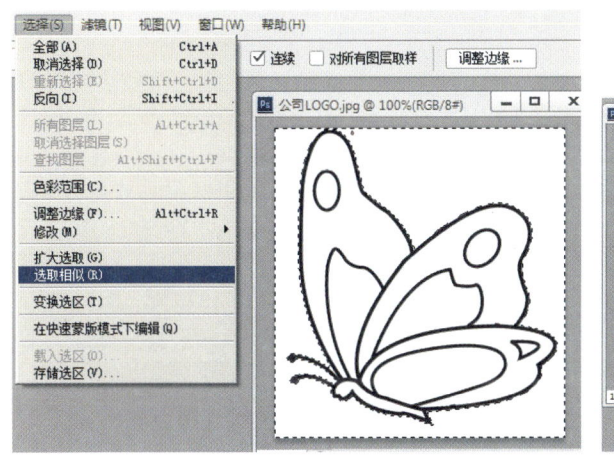

图3-63　选取Logo素材

图3-64　公司Logo反转效果图

⓭ 在蝴蝶Logo的旁边,键入"ROMANCE"公司名字,字体为"Lucida Fax",大小为250点。在其他位置键入合适的文字,并设置合适的文字大小。本任务中的中文字体皆为"黑体"。至此完成本任务的制作,如图3-65所示。

图3-65　完成稿及图层展示

操作提示

本任务为大幅面喷绘输出的产品，使用Photoshop制作步骤12、步骤13是允许的。但是如果本文要求为高质量的印刷品，Logo的制作和文本的键入就需要在Adobe Illustrator这类软件中完成，以保证无锯齿、不失真。下列步骤即是以Illustrator中的操作为例，完成上述Logo和文本的制作。

14 将制作好的背景图层合并，保存为TIFF或者jpg格式的图像文件，置入到Adobe Illustrator软件（后简称AI）中，置入之前，需要设定如图3-66所示的相应幅面大小，然后在AI中执行"文件"→"置入"命令，在Photoshop中制作并保存好背景图，如图3-67所示。单击菜单栏下的"嵌入"按钮，文档会变得大些，这样做的好处是不再需要关注图像链接的问题，同时图像模式也会按照AI新建时的设定改变为CMYK模式。

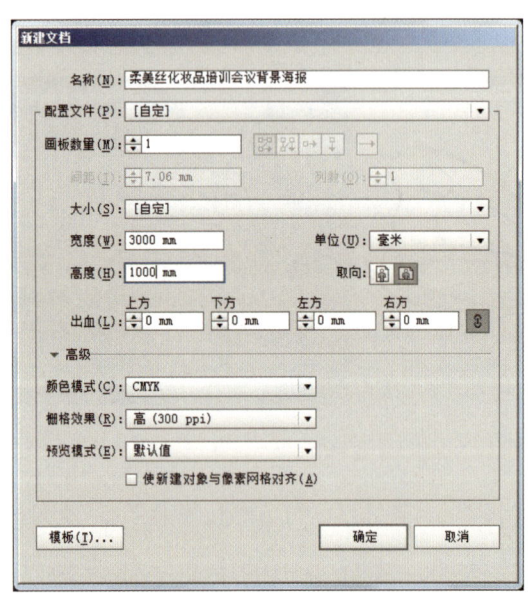

图3-66　在Illustrator中新建文档

图3-67　置入Photoshop制作好的底图

15 导入素材"公司Logo.jpg"文件，单击菜单栏下的"图像描摹"按钮，如图3-68所示。描摹后的结果是将公司Logo的点阵图转换成为矢量图，如图3-69所示，并单击"扩展"按钮，将描摹结果的路径扩展开，如图3-70所示。执行"编辑"→"取消编组"命令，如图3-71所示，删去Logo白色底，如图3-72所示。

图3-68　导入公司Logo图标

图3-69　描摹此图将点阵图转为矢量图

项目3 宣传海报设计

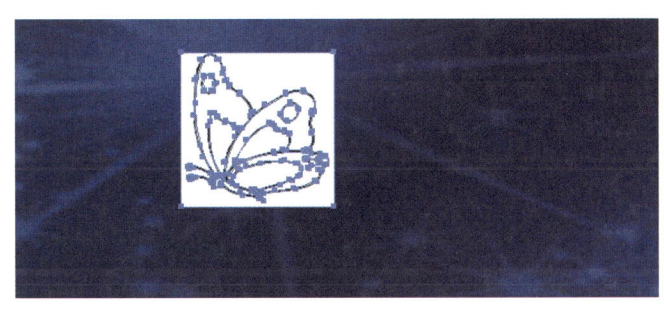

图3-70 矢量图扩展后结果

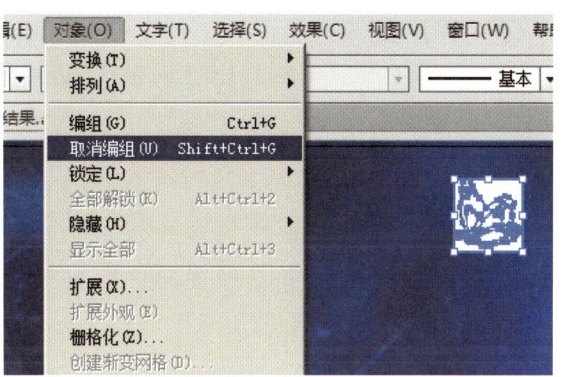

图3-71 取消编组

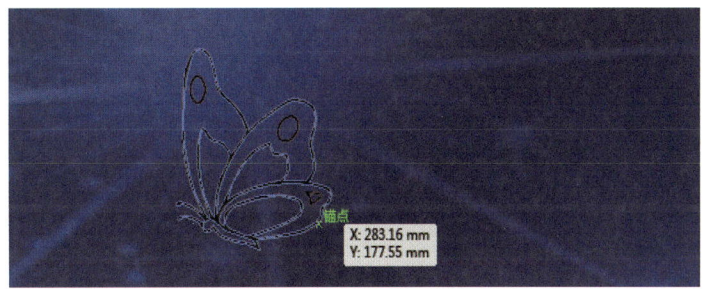

图3-72 删除白色背景

> 操作提示
>
> 本任务中使用了"自动描摹工具"制作Logo图形,在实际操作过程中,如果图形比较复杂,很多场合更多是采用"钢笔工具"手动勾描而得到。

16 选中此Logo,修改蝴蝶颜色为白色,如图3-73所示,并缩放至合适的大小位置,选择工具栏中的"文字工具" T 和"直线工具" ,按图3-74所示键入文字、绘制直线,得到最终效果,保存准备输出。

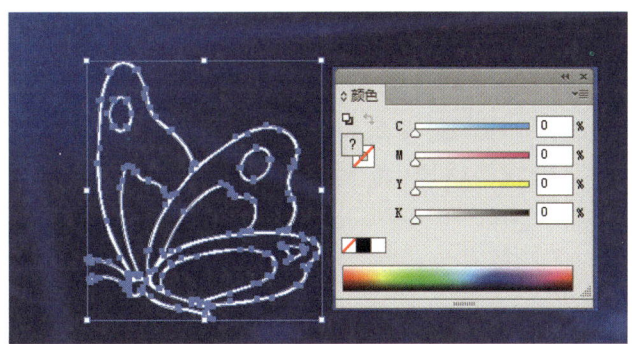

图3-73 将蝴蝶颜色改为白色

图3-74 效果图

17 输出文件的保存。文件在Photoshop或者Illustrator中制作完毕以后，要根据喷绘商的需要保存成相应的格式，喷绘一般是要求jpg图像格式，压缩量不要设置得太大，以免影响图像质量。

知识技巧点拨

1) 选区可以和蒙版相互转换，以方便操作。
2) 图层之间的混合模式可以帮助元素之间自然过渡。

任务4 房地产宣传海报设计

任务描述

房地产广告是现代生活中常见的商品宣传广告，是营利性的商业广告。房地产广告的设计要恰当地配合产品的格调和受众对象。采用引人注目的视觉效果达到宣传商品的目的。

任务分析

本任务学习房地产的广告设计和制作，主要使用变形工具、剪切蒙版和各种文字效果的设置。设计效果图如图3-75所示。

图3-75　房地产海报设计效果图

任务实施

1 启动Photoshop，执行"文件"→"新建"命令，打开"新建"对话框，如图3-76所示，设置文件"名称"为"房地产广告设计"，设置"宽度"为1440像素，"高度"为861像素，"分辨率"为500像素/英寸，"颜色模式"为RGB颜色，单击"确定"按钮，创建一个新的图像文件。

2 打开本书配套资源中的"素材\项目3\任务4\素材1.png"文件，重命名为"羊皮纸"，将其导入当前画布中并栅格化，如图3-77所示。

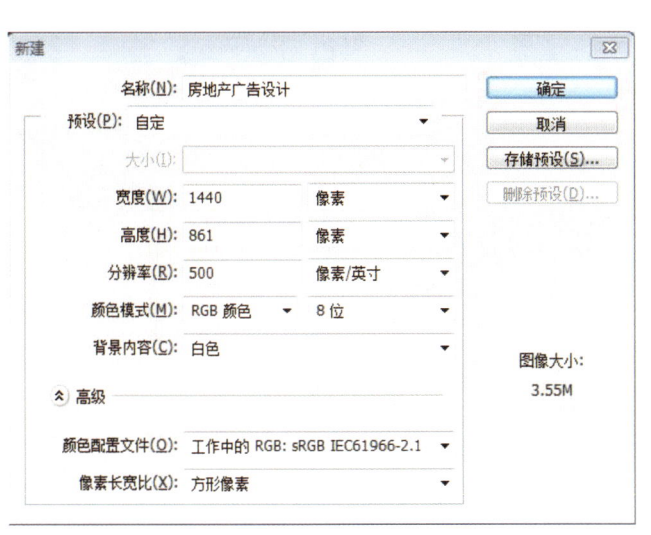
图3-76　新建文件

图3-77　导入素材

3 新建一个"图层1",选中羊皮纸的选区后再执行"图像"→"调整"→"反相"命令,选中需要填充的区域,如图3-78所示。执行"编辑"→"填充"命令,在选区填充"黑色",效果如图3-79所示。

4 打开本书配套资源中的"素材\项目3\任务4\素材2.jpg"文件,重命名为"豪宅",将其导入当前画布中并栅格化。

5 将"豪宅"图层拖动到"图层1"上方,将"素材2"拖至合适的位置并进行水平翻转,按<Ctrl+T>组合键进行调整,创建剪贴蒙版,并按组合键<Alt+Ctrl+G>,形成如图3-80所示的效果。

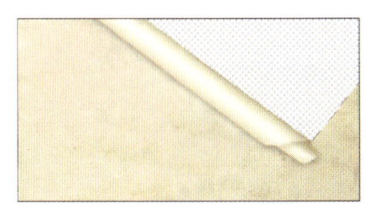
图3-78　选择选区

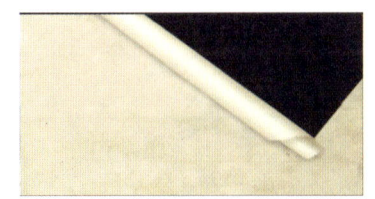
图3-79　填充选区

图3-80　创建剪贴蒙版

6 打开本书配套资源中的"素材\项目3\任务4\素材3.jpg"文件,重命名为"万科",将其导入当前画布中并栅格化。

7 将"素材3"拖至如图3-81所示的左上角位置。

8 选择工具栏中的"横排文字工具" T,输入文字"深中通道,山水美宅",设置文字大小为18,字体为"方正粗活意简体",颜色为"#421f09",效果如图3-82所示。

图3-81　摆放素材

9 选择工具栏中的"横排文字工具" T ，输入文字"时代湾区里 博文学校旁"，设置文字大小为12，字体为"方正粗活意简体"，颜色为"#654f37"，效果如图3-83所示。

图3-82 输入文字　　　　　　　　　图3-83 输入文字

10 选择工具栏中的"横排文字工具" T ，输入文字"贵宾热线：400-900-××××"，设置文字大小为5，字体为"方正粗活意简体"，颜色为"#523411"，效果如图3-84所示。

11 选择工具栏中的"横排文字工具" T ，输入文字"低密度豪宅20000/m²"，设置文字大小为10，字体为"方正粗活意简体"，颜色为"#421f09"，效果如图3-85所示。

图3-84 输入文字　　　　　　　　　图3-85 输入文字

12 选择工具栏中的"横排文字工具" T ，输入文字"万科·柏悦湾"，设置文字大小为16，字体为"方正粗活意简体"，颜色为"#502c00"，效果如图3-86所示。

图3-86 输入文字

13 完成后单击"文件"→"另存为"命令，将文件命名为"房地产广告设计"，如图3-87所示。

项目3　宣传海报设计

图3-87　保存文件

知识技巧点拨

1）对于剪切蒙版的应用，要调整好图层关系，再进行图层蒙版。

2）本任务中文字的设置直接影响整个设计效果，对文字的设置主要包含字体、字号、颜色等方面，文字所在的位置也很关键。

任务5
公益宣传海报设计

任务描述

本任务是设计制作公益广告，主要用到水彩滤镜、图层蒙版、画笔工具等。

任务分析

在制作公益广告的过程中，应注意公益广告画面的相关元素的排布，版面做到整洁和美观，信息排列合理而有序、不紊乱，能突出宣传作用，设计效果如图3-88所示。

图3-88　公益广告设计效果

任务实施

❶ 启动Photoshop，执行"文件"→"新建"命令，打开"新建"对话框，如图3-89所示，设置文件"名称"为"公益广告"，设置"宽度"为210毫米，"高度"为297毫米，"分辨率"为300像素/英寸，"颜色模式"为RGB颜色，单击"确定"按钮，新建一个图像文件。

❷ 新建一个图层，重命名为"背景"，设置前景色为黑色，选择"油漆桶工具" ，填充"背景"图层，效果如图3-90所示。

❸ 打开本书配套资源中的"素材\项目3\任务5\大象.png"文件，把素材拖动到图像文件中，重命名为"大象"，按<Ctrl+T>组合键对图像进行调整，然后使用"移动工具" 将图像移动到合适的位置，按<Enter>键确定，如图3-91所示。

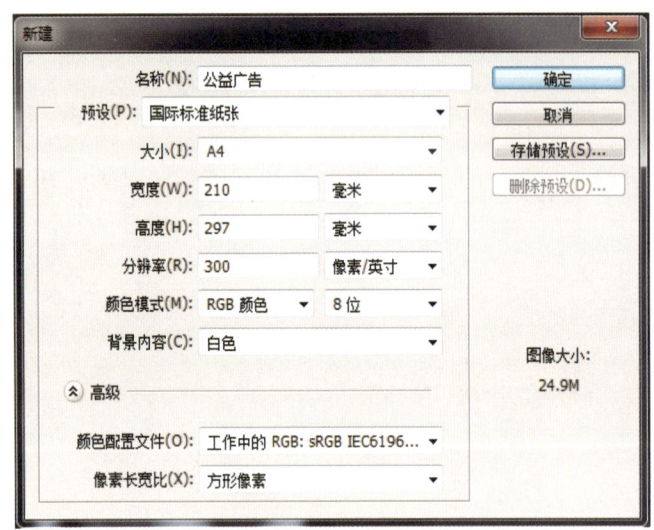
图3-89　新建文件

图3-90　填充前景色

图3-91　放置素材

❹ 打开本书配套资源中的"素材\项目3\任务5\钱.jpg"文件，把素材拖动到图像文件中，重命名为"钱"，按<Ctrl+T>组合键，对图像进行调整，然后使用"移动工具" 将图像移动到合适的位置，按<Enter>键确定，如图3-92所示。

❺ 选择"钱"图层，对其使用滤镜使"钱"看起来有更加虚拟的感觉，选择"滤镜"→"滤镜库"→"艺术效果"→"水彩"命令，将参数调到合适的效果，然后单击"确定"按钮。

❻ 复制"钱"图层，按住<Alt>键拖动"钱"图层得到"钱2"图层，将"钱"图层拖到"大象"图层下面，再将"钱2"图层拖动到"大象"图层的上面，如图3-93所示。接着对"钱2"图层添加图层蒙版，使3个素材能更好地融合，如图3-94所示。

❼ 复制"大象"图层，得到"大象2"图层，用"钢笔工具" 描绘路径，按<Ctrl+Enter>组合键，将路径转换为选区，再为"大象2"图层添加蒙版，选择工具栏中的"加深工具" 为绘制好的"大象2"图层添加阴影，效果如图3-95所示。

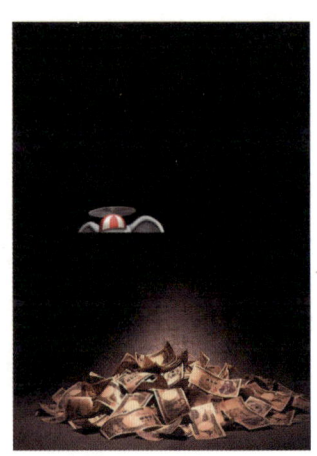
图3-92　放置素材

项目3　宣传海报设计

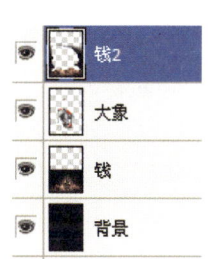

图3-93　图层位置　　　　图3-94　组合素材　　　　图3-95　绘制图形

8 双击"大象2"图层弹出图层样式对话框,选择"斜面和浮雕",参数如图3-96所示,设置完成后单击"确定"按钮,效果如图3-97所示。

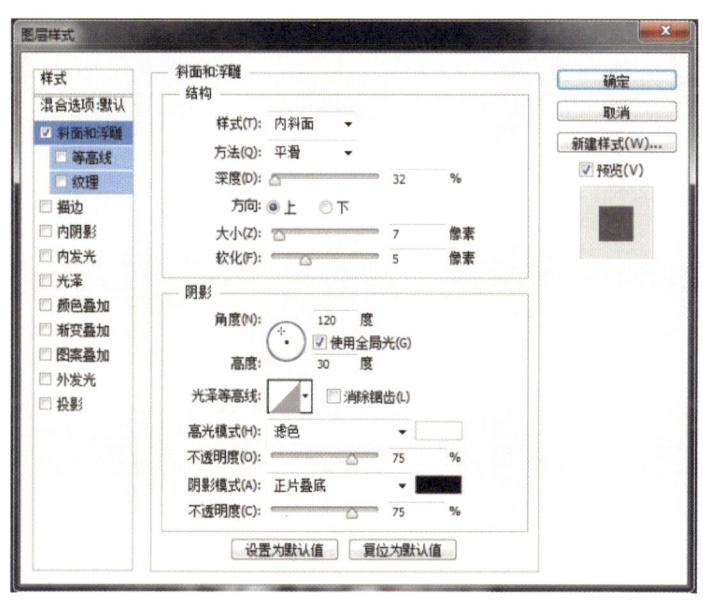
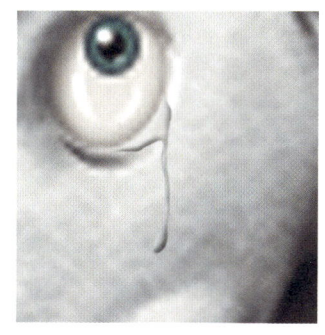

图3-96　图层样式参数　　　　　　　　　图3-97　添加图层样式

9 新建图层,得到"图层2",在"大象2"图层的相应图案位置上绘制高光,如图3-98所示。

10 选择"横排文字工具" T ,输入"没有买卖就没有伤害",再输入"人类和动物是完全平等的,生命是没有区别的。",设置"字体颜色"为"白色","字体"为"苏新诗指画体",将文字进行排版,如图3-99所示。

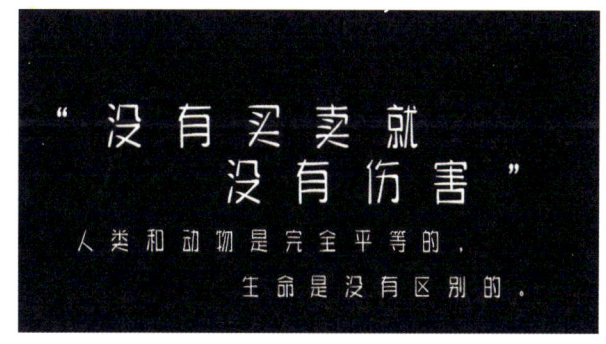

图3-98　添加高光　　　　　　　　　　　图3-99　文字效果

11 最后对整体画面的文字和图形进行微调，最终效果如图3-100所示。

图3-100 最终效果图

任务拓展　社团招新海报设计

给自己喜欢的学校社团设计一幅招新海报，完成后，相互之间评价总结。

任务描述

搜索一些你喜欢的学校社团的相关素材，制作一幅招新宣传的海报，以提高这个社团的知名度，并为招入新成员做宣传。

学校摄影协会招新海报尺寸为60cm×45cm，最终输出形式为喷绘。

任务要求

在制作海报的过程中，要注意海报招贴的幅面设计大小和分辨率大小，版面要整洁和美观，信息排列合理而有序，能突出宣传作用。

任务提示

1）在制作过程中，可以先确定好背景。
2）注意图像输出的方法，考虑分辨率的设置。
3）适当采用图层混合模式和字体特效进行制作。

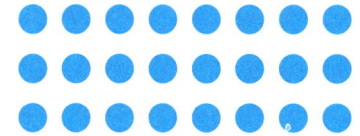

项目4
DM单广告设计

➡ **项目描述**

　　DM是英文Direct Mail Advertising的省略表述，直译为"直接邮寄广告"，即通过邮寄、赠送等形式，将宣传品送到消费者手中、家里或企业所在地。也有将其表述为Direct Magazine Advertising（直投杂志广告）。两者没有本质上的区别，都强调直接投递（邮寄）。DM单是一种比较精美的宣传品，主要以自身的特色和良好的创意、设计、排版，印刷以及富有吸引力的语言来吸引消费者，以达到出色的宣传效果。它的表现形式多样化，有传单形式、宣传册形式、折页形式、请柬以及卡片等形式。常见的折页形式有4页、6页、8页的平行折页方式。本项目介绍的是6页的平行折页方式。在设计DM单的版面时，要追求版面的整体性，注意文字和图片之间的平衡关系，文字和留白之间的编排，遵循图文排版追求美的原则。一款设计别致精美的DM单折页可以起到更好的宣传作用。

➡ **学习目标**

　　通过设计DM单广告项目，可以掌握几种工具在Photoshop中的综合应用：在制作过程中运用"钢笔工具"绘制图像路径，运用"文字工具"编排文字，以及"图层蒙版工具"与色彩线性渐变的结合应用等。

任务1
美容院折页设计——外折页

任务描述

本任务以卓悦美会美容院为例，来制作美容院的折页设计。随着人们经济能力和消费水平、消费层次的提高，消费者上美容院已不仅满足于得到美容护理的服务，而更多的是希望同时可以健身、休闲、美体等。任务采用6页的平行折页方式，外折页设计中的内容为企业文化介绍，内折页中的内容为产品介绍和服务介绍等，版面的布局设计优雅美丽，以清新素雅的色调为主，给人一种赏心悦目、卓尔不群的感觉。

任务分析

如图4-1所示（外折页），此折页的设计注重版面的平衡效果，特别是文字和图片之间的关系，以及版面的留白。如果只是为了信息的编排，把所有的元素都重叠排在一起而不留空隙，就会给人一种压迫感，从而丢失画面的美感。所以，画面的平衡效果好，会给人美的感受。

图4-1 美容院外折页设计平面图

任务实施

1 启动Photoshop，选择"文件"→"新建"命令，打开"新建"对话框，如图4-2所示，设置文件"名称"为"外页 美容院折页"，设置"宽度"为30.3厘米，"高度"为21.6厘米，"分辨率"为300像素/英寸，"颜色模式"为CMYK颜色，单击"确定"按钮，创建一个新的图像文件。

项目4　DM单广告设计

2 在图像窗口中按<Ctrl+R>组合键显示标尺，执行"视图"→"新建参考线"命令，分别在图像窗口的0.3cm、9.9cm、20.1cm、30cm处的垂直位置和0.3cm、21.3cm处水平位置新建参考线，如图4-3所示。

图4-2　新建文件　　　　　　　　　　　　　图4-3　新建参考线

3 执行"文件"→"打开"命令，打开本书配套资源中的"素材\项目4\任务1\宣传照片1.jpg"文件，将图像移到"外页 美容院折页"图像文件的右侧位置，按<Ctrl+T>组合键，参照参考线位置，对图像进行适当缩小。按<Enter>键完成自由变换操作，然后用"钢笔工具" 创建选区形状修饰图像，并将此图层命名为"背景1"，如图4-4所示。

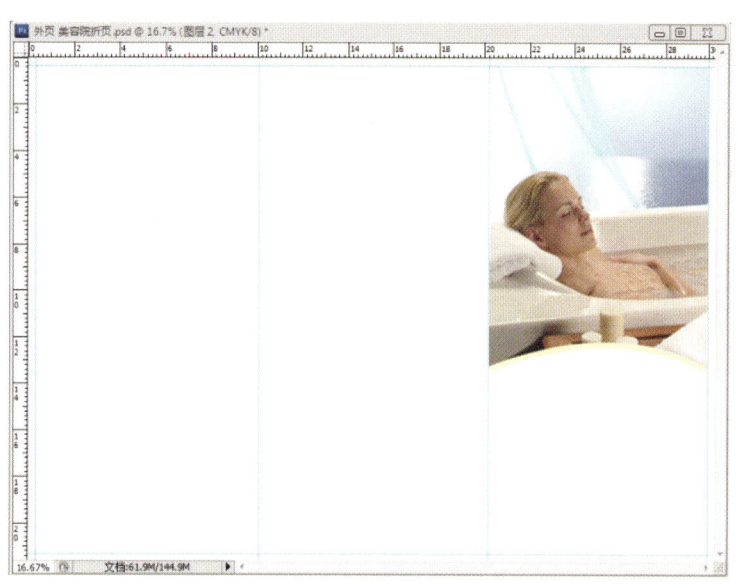

图4-4　修饰图像

4 在图层面板中新建一个图层，重命名为"辅助色"，如图4-5所示。选择"背景1"图层，按<Ctrl>键双击该图层建立选区，建立选区后选择"辅助色"图层，填充颜色为R：248、G：243、B：202，完成填充后将该辅助色块向下移，衬托"背景1"图像，然后打开本书配套资源"素材\项目4\任务1"中的"素材图案.psd"和"美容院标志.psd"2个文件。将图像文件移动到适当位置，完成折页的封面效果，如图4-6所示。

图4-5　辅助色图层　　　　　　　　图4-6　添加素材

⑤ 打开本书配套资源中的"素材\项目4\任务1\宣传照片2.jpg"文件，将图像文件移动到折页中间，重命名为"背景2"，用"钢笔工具" 绘制选区修饰该图像形状，设置不透明度为60%，如图4-7所示，然后建立"辅助色2"图层，参照"辅助色"图层的制作方法，效果如图4-8所示。

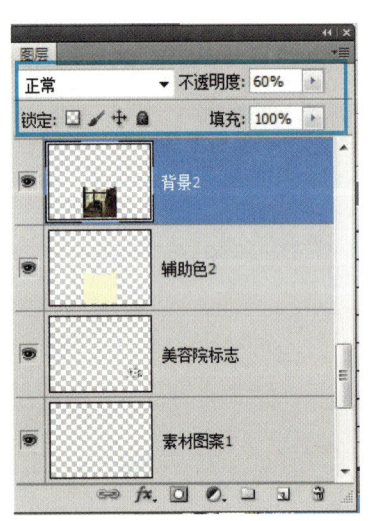
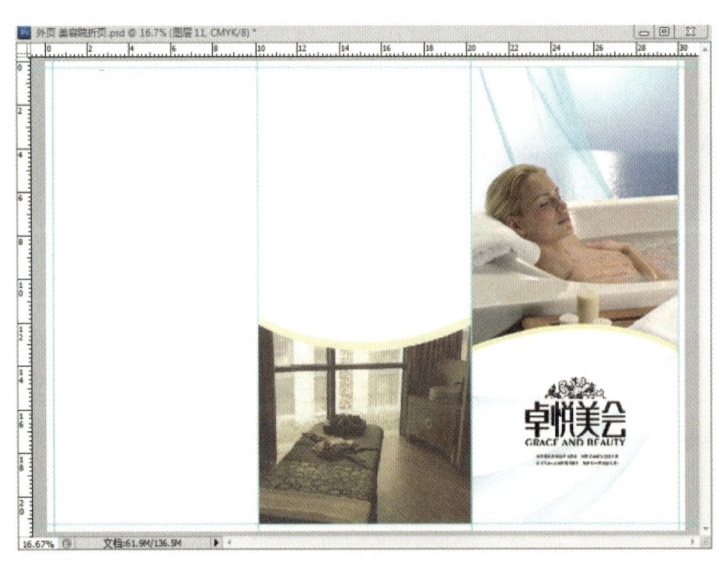

图4-7　降低透明度　　　　　　　　图4-8　效果图

⑥ 打开本书配套资源中的"素材\项目4\任务1\宣传照片3.jpg"文件，将图像文件移动到折页中间，重命名为"背景3"，并缩小图像。然后选择"美容院标志"图层，按<Alt>键拖动该标志，复制出"美容院标志副本"图层，移动到"背景3"图像上方，如图4-9和图4-10所示。

⑦ 打开本书配套资源中的"素材\项目4\任务1\宣传照片4.jpg"，将图像文件移动到折页文件的左侧，重命名为"背景4"，并创建该图层的图层蒙版，如图4-11和图4-12所示。

⑧ 选择"矩形选择工具" ，建立左侧参考线内的选区，按<Ctrl+Shift+I>组合键进行反选，然后选择在"背景4"图层蒙版中填充黑色。选择"画笔工具" ，在属性栏中设置参数，如图4-13所示。前景色设置为黑色，然后用画笔在图层蒙版中进行适当涂抹，这样"背景4"图像的中间部分产生半透明融合背景的效果，如图4-14和图4-15所示。

项目4　DM单广告设计

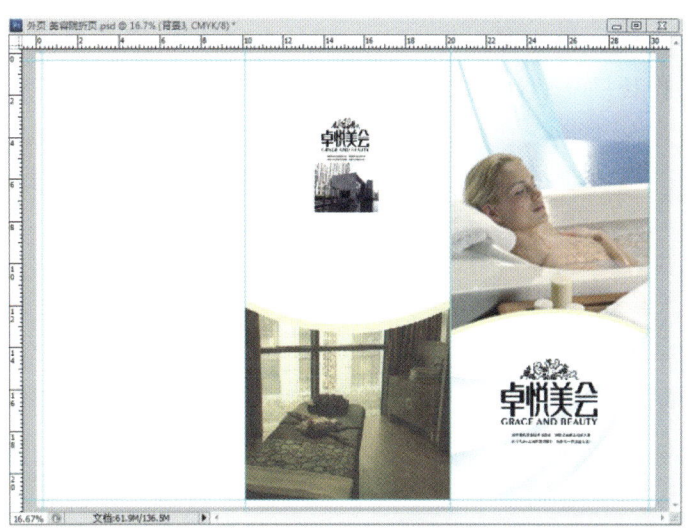

图4-9　文字编排　　　　　　　　　　　图4-10　效果图

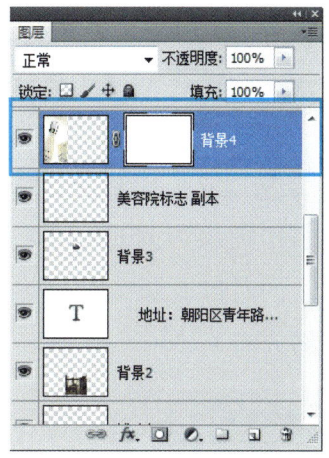

图4-11　效果图　　　　　　　　　　　图4-12　图层蒙版

图4-13　画笔参数

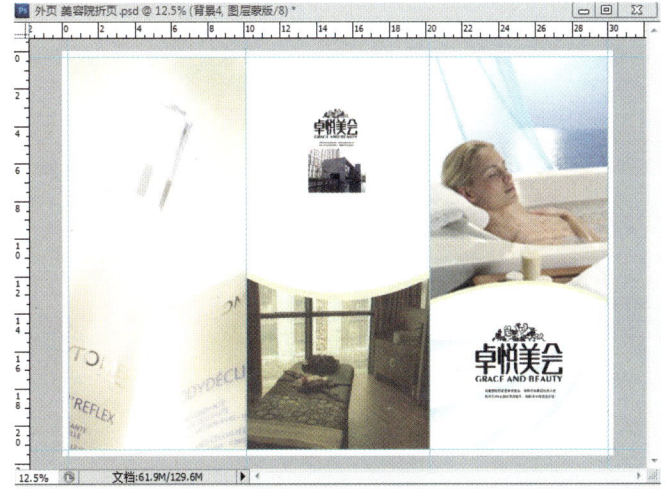

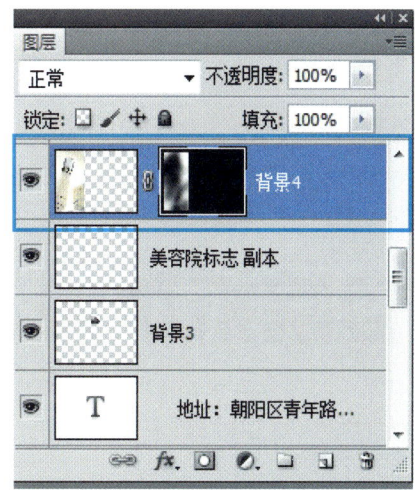

图4-14　效果图　　　　　　　　　　　图4-15　图层蒙版

9 选择工具栏中的"横排文字工具" T，在图像的左侧版面中输入素材文本中的卓悦美会的企业文化、产品介绍以及服务介绍。字体统一用"黑体"，在版式的顶部编排卓悦美会的文字标志，企业文化字号设定为9，产品介绍的字号设置为7.5，服务介绍的字号设置为7，效果如图4-16所示。

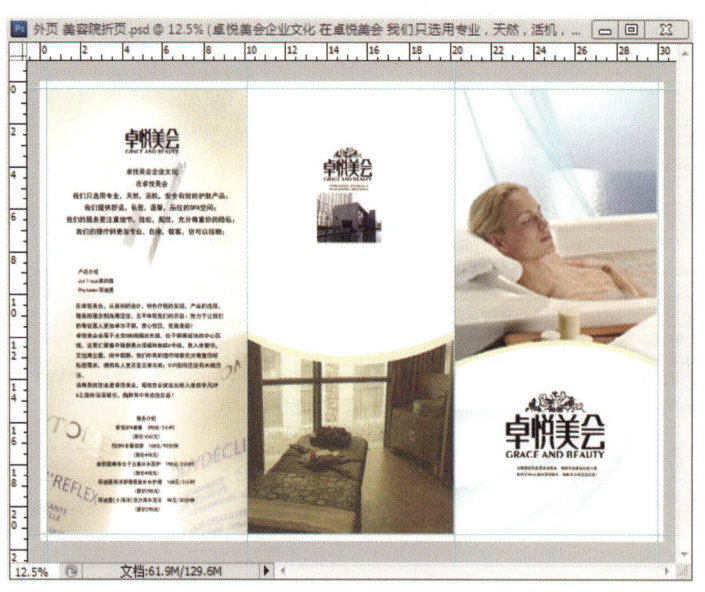

图4-16　完成图

本任务完成了美容院折页设计的外折页部分的版式设计，外折页部分注重版面的整体布局，文字和图片协调的处理，在版面编排上采用引导性的视觉流程，不仅可以达到版面的简洁的效果，而且能让读者快速明白版面要传达的信息。在任务2中将继续完成美容院折页设计的内折页部分。

知识技巧点拨

1）在使用"画笔工具"编辑图层蒙版时，对于"画笔工具"选项栏中的"不透明度"设置，可以决定涂抹处图像被屏蔽的程度。不透明度值越高，图像被屏蔽的程度越高，反之屏蔽程度越低。

2）可以使用"钢笔工具"或者"自由钢笔工具"绘制各种形状的路径，或者通过将选区转换为路径的方法创建路径，然后为当前选定的图层添加不同形状的矢量蒙版。

任务2
美容院折页设计——内折页

任务描述

本任务要继续设计制作美容院的内折页，内折页中的信息内容为产品介绍和服务介绍等，内折页与外折页的设计风格统一，注重版面的整体布局美观，以及视觉流程的引导。同样以清新素雅的色调为主，给人一种赏心悦目、卓尔不群的感觉。

项目4　DM单广告设计

任务分析

效果如图4-17所示（内折页），此折页的设计注重版面的编排，特别是文字和图片之间的关系，以及版面的留白，如果只是为了信息内容的编排，把所有的元素都重叠排在一起而不留空隙，会给人一种压迫感，画面的美感自然就会丢失，所以，注重画面平衡效果，才会给人美的感受。

图4-17　美容院内折页设计平面图

任务实施

1 启动Photoshop，执行"文件"→"新建"命令，打开"新建"对话框，如图4-18所示，设置文件"名称"为"内页 美容院折页设计"，设置"宽度"为30.3厘米，"高度"为21.6厘米，"分辨率"为300像素/英寸，"颜色模式"为CMYK颜色，单击"确定"按钮，创建一个新的图像文件。

2 在图像窗口中按<Ctrl+R>组合键显示标尺，执行"视图"→"新建参考线"命令，分别在图像窗口的0.3cm、9.9cm、20.1cm、30cm处的垂直位置和0.3cm、21.3cm处水平位置新建参考线，如图4-19所示。

3 执行"文件"→"打开"命令，打开本书配套资源中的"素材\项目4\任务2\宣传照片5.jpg"，将图像移动到"内页 美容院折页设计"图像文件的右侧位置，按<Ctrl+T>组合键，对齐参考线,对图像进行适当缩小,按<Enter>键完成操作,然后给图像建立图层蒙版,选择该图层蒙版,用"画笔工具" 进行涂抹,让图像与白色背景达到自然融合,并将此图层命名为"背景5",如图4-20和图4-21所示。

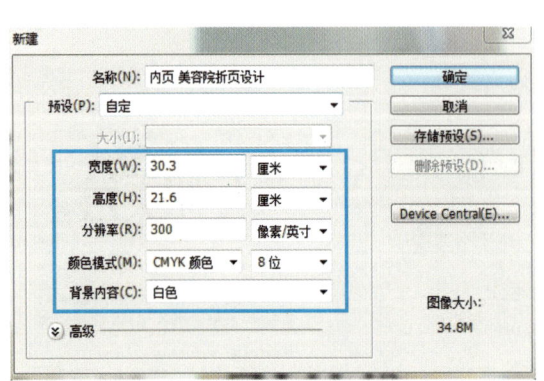

图4-18　新建文件

图4-19　新建参考线

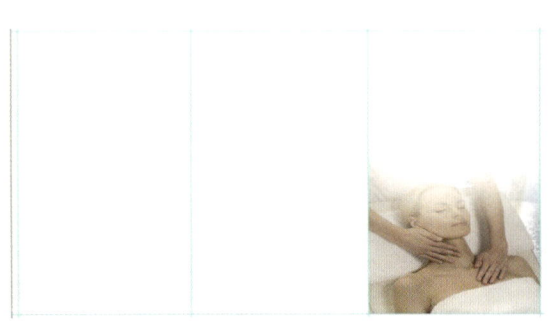

图4-20　修饰图像

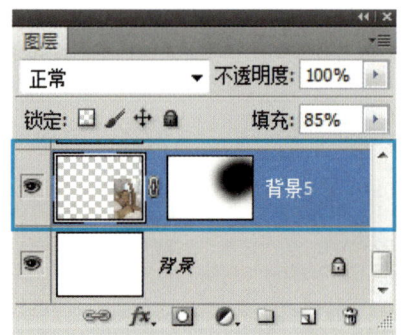

图4-21　图层蒙版

4 打开本书配套资源中的"素材\项目4\任务2\美容院标志.psd",将标志图形移至右侧版面顶部居中,选择"横排文字工具" ,在图像的右侧版面中输入本书配套资源中的"素材\项目4\任务2\素材文本.doc"文件中的相关产品文字介绍内容,如图4-22所示,字体统一用"黑体"、左对齐、字号7,效果如图4-23所示。

图4-22　文字编排

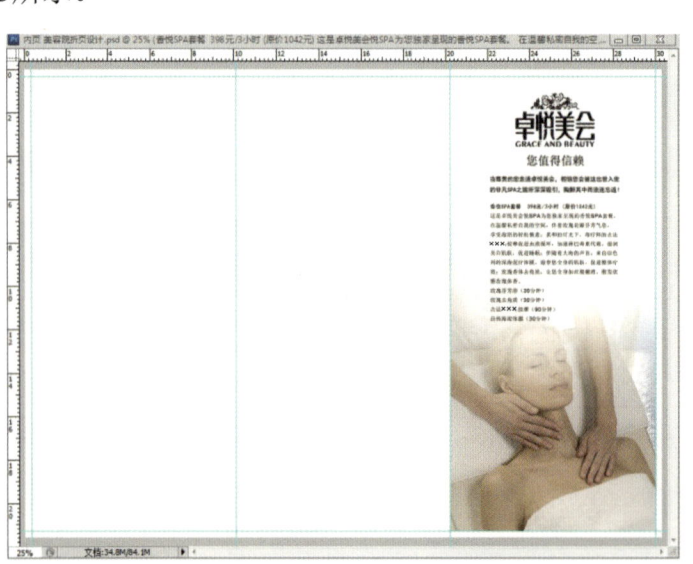

图4-23　效果图

项目4 DM单广告设计

5 打开本书配套资源中的"素材\项目4\任务2\宣传照片6.jpg",将图像文件移动到折页中间,重命名为"背景6",按<Ctrl+T>组合键,对齐中间版面参考线,然后参照参考线对图像进行适当裁剪,效果如图4-24所示。选择"横排文字工具"  输入产品文字介绍,字体为"黑体",左对齐,字号为8。最后在右下角添加文字标志,如图4-25所示。

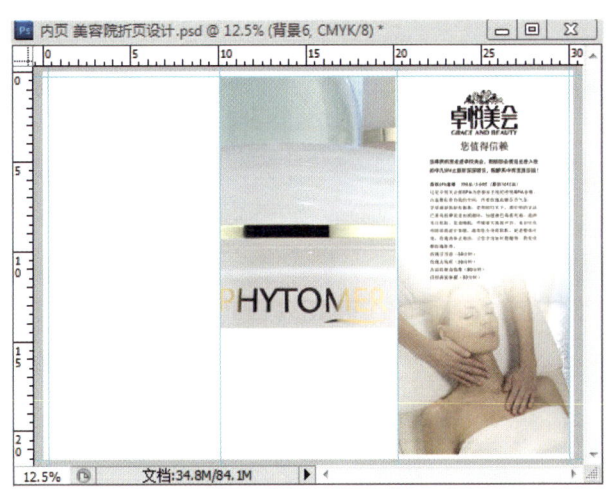 

图4-24 调整图   图4-25 文字内容

6 打开本书配套资源中的"素材\项目4\任务2\宣传照片7.jpg",将图像文件移动到折页左侧版面下方,重命名为"背景7",并缩小图像对齐参考线,添加图层蒙版,选择该图层蒙版,用"画笔工具" 进行涂抹,让图像顶部与白色背景自然融合,如图4-26和图4-27所示。

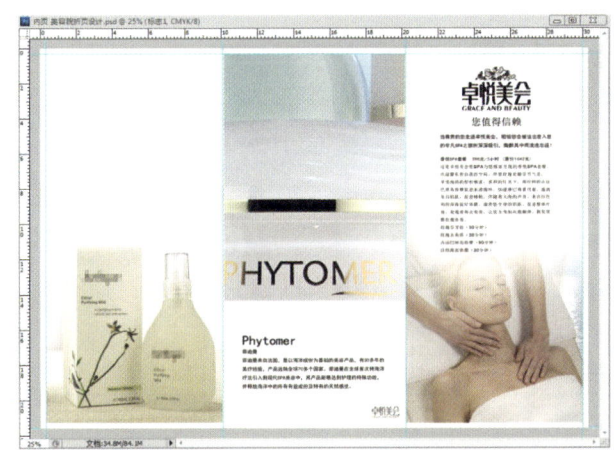 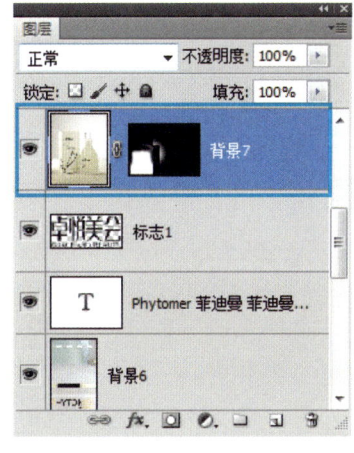

图4-26 效果图   图4-27 图层蒙版

7 打开本书配套资源中的"素材\项目4\任务2\宣传照片8.jpg",选择"钢笔工具"
对产品外围绘制路径,如图4-28所示,然后按<Ctrl+Enter>组合键将路径转换为选区,如图4-29所示,最后将选区内的产品移动到折页版面中,重命名为"背景8"。

8 选择"背景8"图层,执行"图层"→"复制图层"命令,将复制图层重命名为"背景8倒影",然后执行"编辑"→"变换"→"垂直翻转"命令,最后给"背景8倒影"图层添加图层蒙

图4-28 钢笔绘制路径   图4-29 路径转选区

版，对图层蒙版进行线性渐变制作倒影效果，效果如图4-30和图4-31所示。

9 选择"横排文字工具" ，在图像的左侧版面中输入本书配套资源中的"素材\项目4\任务2\素材文本.doc"文件中的产品文字介绍。字体统一用"黑体"，字号为8，在版式的顶部右侧添加卓悦美会的文字标志，效果如图4-32所示。

图4-30　倒影效果

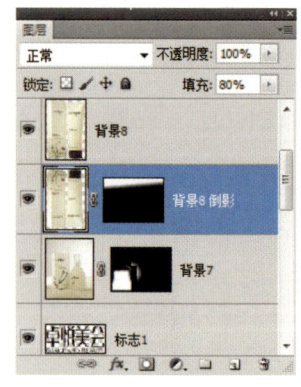

图4-31　倒影图层

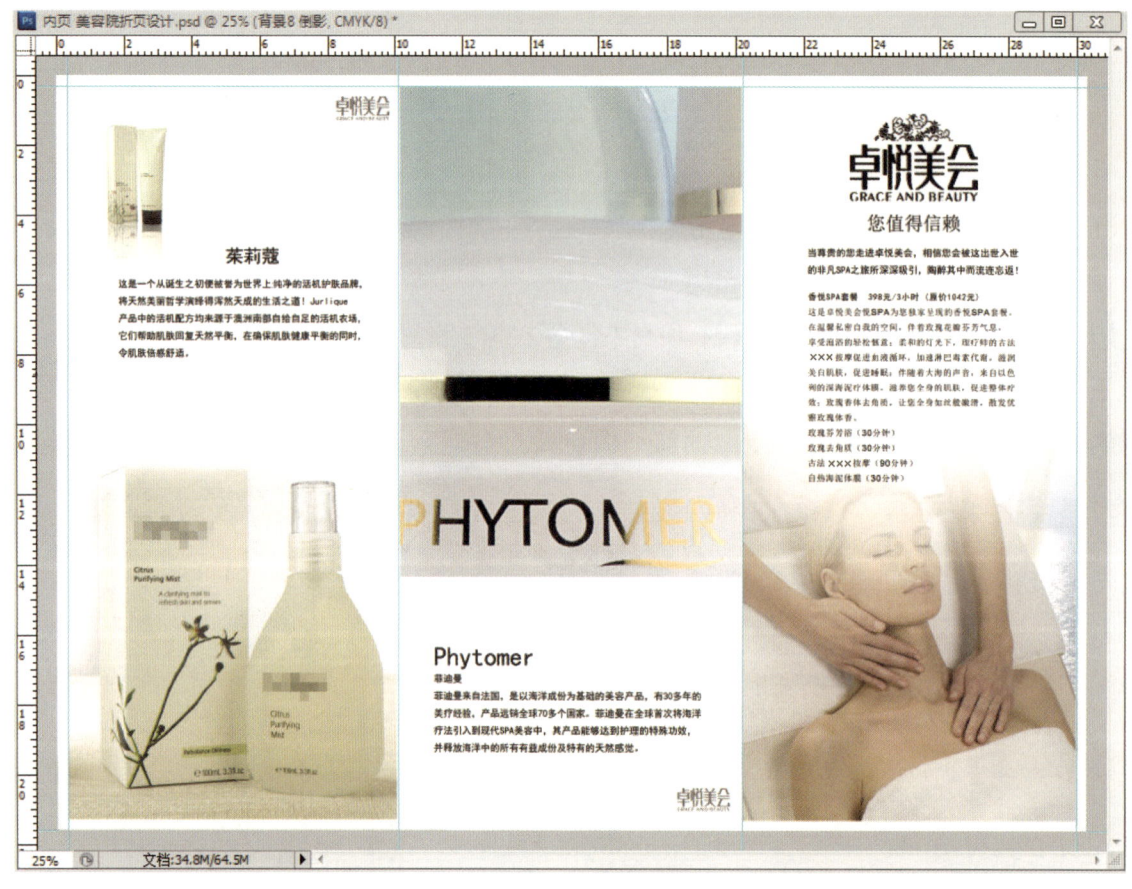

图4-32　完成图

本任务完成了美容院折页设计的内折页部分的版式设计，在版面编排上采用引导性的视觉流程不仅使版面效果更加简洁，而且能让读者快速明白版面要传达的信息。在任务3中将完成本项目美容院折页设计的最后部分效果图。

知识技巧点拨

1）"钢笔工具"绘制路径可以转换为选区，并且可以将路径保存在"路径"面板中，以备随时使用。由于组成路径的线段是由锚点连接，因此可以很容易地改变路径的位置和形状。

2）在使用"钢笔工具"绘制直线路径时，按<Shift>键，可以绘制出水平、45°和垂直的直线路径。在绘制路径的过程中，当绘制完一段曲线路径后，按<Alt>键在平滑锚点上单击，转换其锚点属性，然后在绘制下一段路径时单击鼠标左键，生成的将是直线路径。

任务3
美容院折页设计——效果图

任务描述

本任务将制作美容院折页设计的立体效果图。在前面的两个任务中分别制作了折页的外折页和内折页的平面版式,而效果图的制作可以更直观地看出设计作品视觉传达的效果。

任务分析

效果图的制作目的就是让设计作品更具视觉传达的直观性。下面将制作成品折页叠加展示的效果,如图4-33所示。

图4-33　美容院折页设计效果图

任务实施

1 启动Photoshop,执行"文件"→"新建"命令,打开"新建"对话框,如图4-34所示,设置文件"名称"为"美容院折页设计效果图",设置"宽度"为27厘米,"高度"为21厘米,"分辨率"为100像素/英寸,"颜色模式"为RGB颜色,单击"确定"按钮,创建一个新的图像文件。

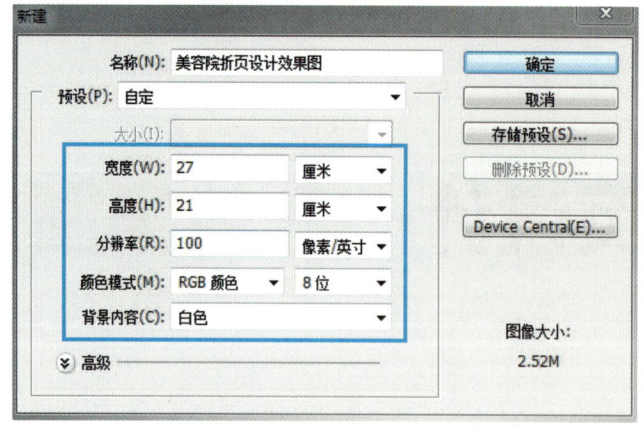

图4-34　新建文件

2 新建一个图层，重命名为"背景层"，选择工具栏中的"渐变工具"，调节色标如图4-35所示，然后选择径向渐变模式，从"背景层"中间向外拉渐变效果，效果如图4-36所示。

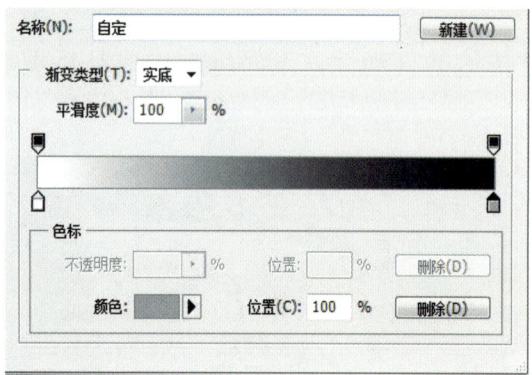
图4-35　径向渐变

图4-36　效果图

3 执行"文件"→"打开"命令，打开本书配套资源中的"素材\项目4\任务3\内页 美容院折页设计.psd"文件，将"内页美容院折页设计"图像文件内的所有图层进行合并，单击"矩形选框工具"，选取图像文件的右边部分，按<V>键切换到"移动工具"，将图像文件移到"美容院折页设计效果图"图像文件中，按<Ctrl+T>组合键调整图像形状，完成后按<Enter>键，效果如图4-37所示。

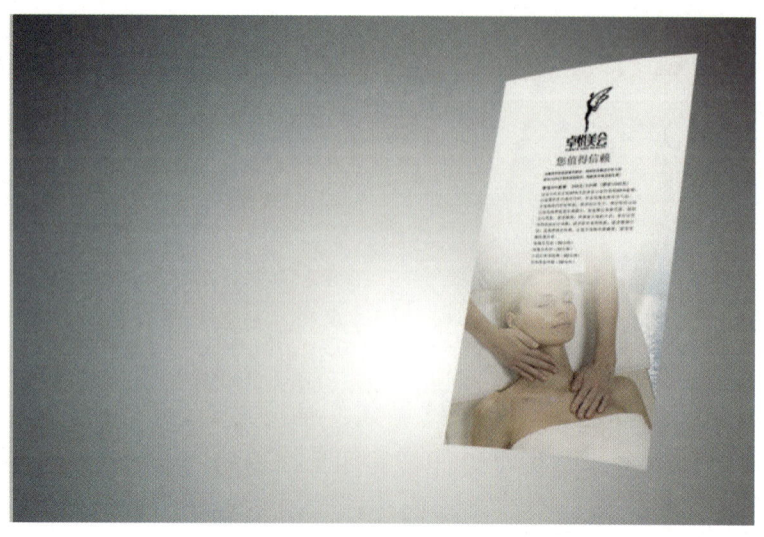

图4-37　透视调整

项目4　DM单广告设计

4 采用相同的方法，分别将中间和右边的折页选取到"美容院折页设计效果图"图像文件中，按<Ctrl+T>组合键调整图像形状，完成后按<Enter>键，效果如图4-38所示。

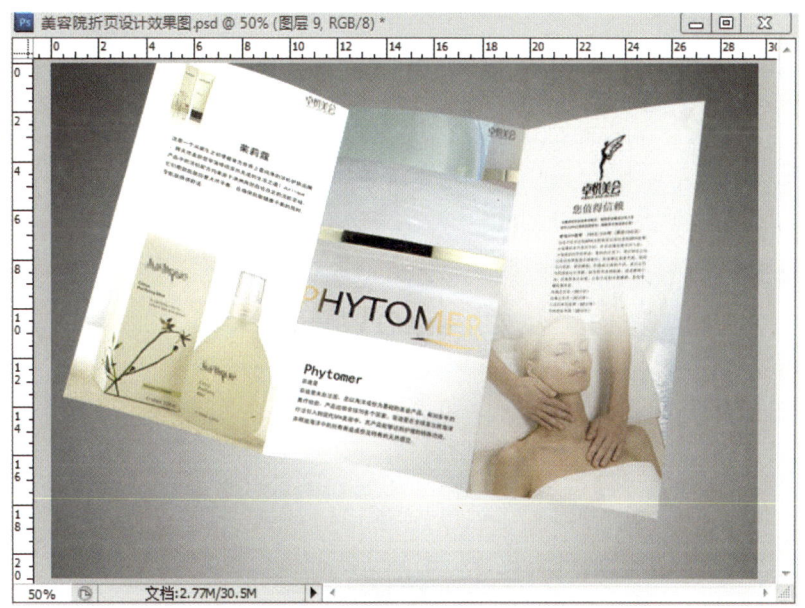

图4-38　效果图

5 新建一个图层，重命名为"阴影"，拖至背景层上方，如图4-39所示。然后选择工具栏中的"画笔工具"，在折页边缘位置涂抹阴影效果，衬托出折页立体的阴影效果，如图4-40所示。

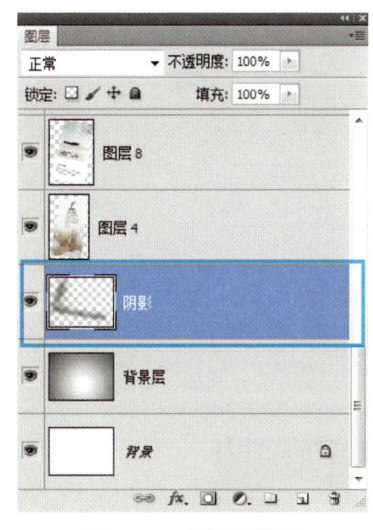

图4-39　阴影蒙版

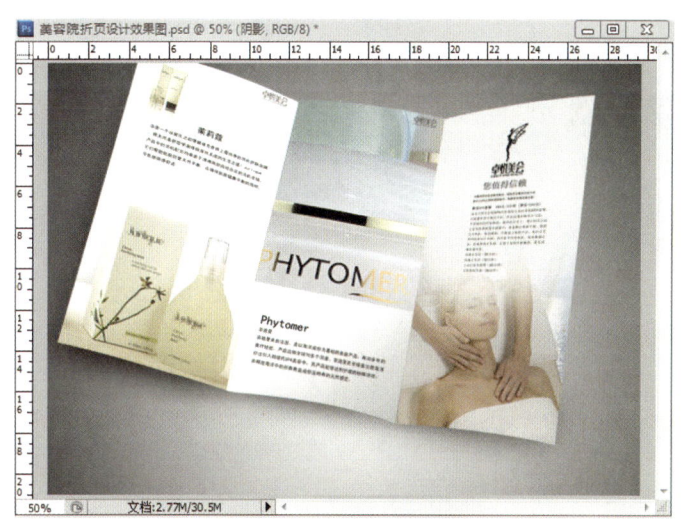

图4-40　阴影效果图

6 执行"文件"→"打开"命令，打开本书配套资源中的"素材\项目4\任务3\外页 美容院折页设计.psd"文件，将"外页 美容院折页设计"图像文件内的所有图层进行合并，单击"矩形选框工具"，选取图像文件的中间部分，按<V>键切换到"移动工具"，将图像文件移到"美容院折页设计效果图"图像文件中，按<Ctrl+T>组合键调整图像形状，完成后按<Enter>键，并重命名为"封底"。封底效果如图4-41所示。

7 新建一个图层，重命名为"封底阴影"，选择"钢笔工具"，绘制一个与封底相同的矩形路径，按<Ctrl+Enter>组合键将路径转换为选区，并填充黑色，然后将图层的"填充"设置为60%，图层样式选择"斜面与浮雕"，并进行适当的高斯模糊，让阴影的边缘变得柔和自然，如图4-42和图4-43所示。

75

图4-41　封底效果

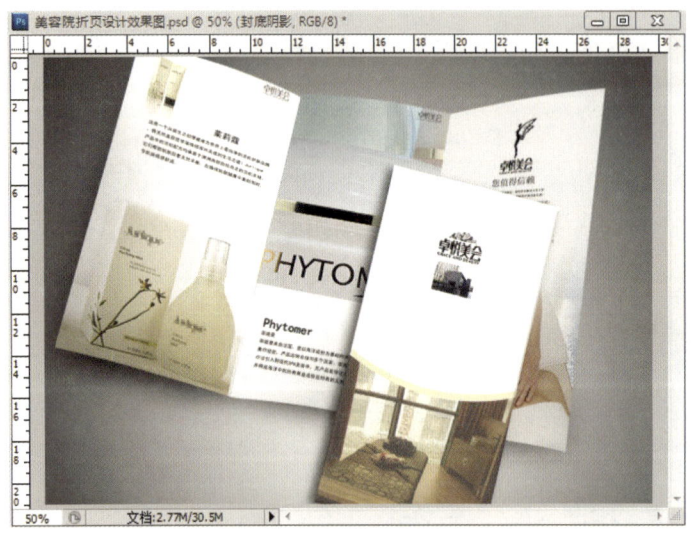

图4-42　添加阴影

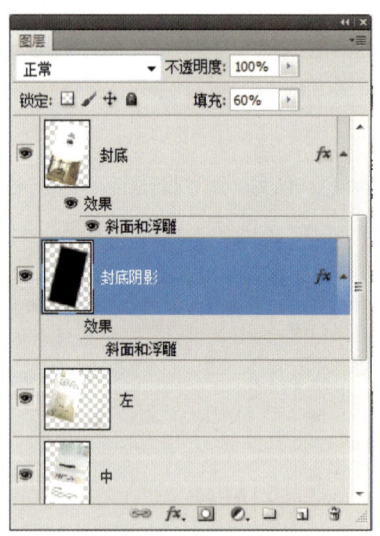

图4-43　阴影图层

8 最后采用相同的方法制作封面的效果。至此，本任务制作完成，如图4-44所示。

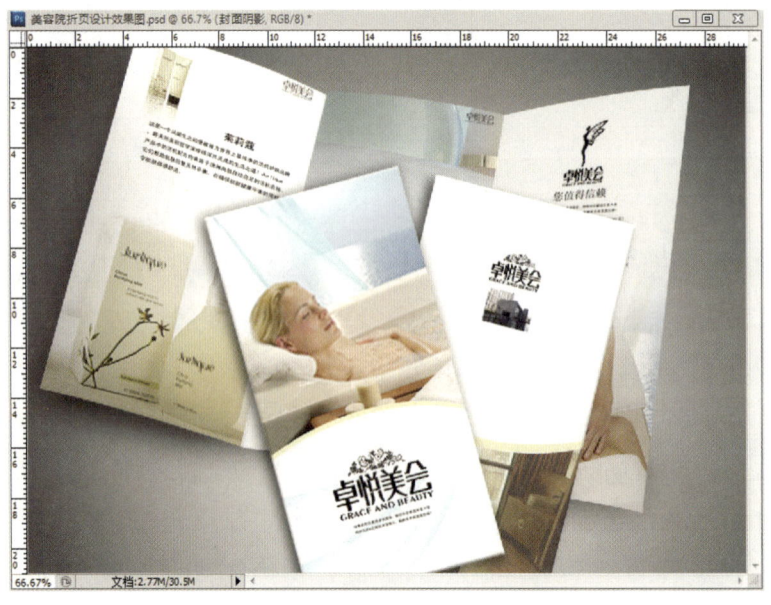

图4-44　最终完成图

项目4 DM单广告设计

本任务完成了美容院折页设计的效果图制作，主要通过效果图的制作来展示作品的特色。

知识技巧点拨

1）在使用"渐变工具"对图像进行线性和对称的渐变填充时，按住鼠标左键拖动的方向和距离都会影响到填充效果。在进行渐变填充的时候，开始单击鼠标的位置将是渐变效果的中心点。

2）使用自由变换图像方法时，选取需要变换的图像，按<Ctrl+T>组合键，在图像四周将出现自由变换控制框，按<Ctrl>键拖动4个角上的任意一个控制点，都可以对图像进行扭曲处理，特别是在调整图像的透视角度时，此方法非常实用。

任务4 化妆包店折页设计

任务描述

本任务是设计化妆包店折页。在化妆包店折页设计中，要突出宣传产品信息。本任务的折页封面采用粉红色为主色调，副页主色调为白色，采用了粉白的色彩对比，让人印象深刻。

任务分析

化妆包店折页效果如图4-45所示。封面背景颜色为粉色，主要突出温馨的感觉，副页则通过适当的文字排版显示折页广告宣传的内容。

图4-45 化妆包店折页效果图

任务实施

1 启动Photoshop，执行"文件→新建"命令，打开"新建"对话框，如图4-46所示，设置文件"名称"为"化妆包店折页设计"，设置"宽度"为3360像素，"高度"为2480像素，

"分辨率"为100像素/英寸,"颜色模式"为RGB颜色,背景内容为白色,单击"确定"按钮,创建一个新的图像文件。

② 执行"视图→新建参考线"命令,选择"取向"为垂直,"位置(P)"为1680px,如图4-47所示,单击"确定"按钮。

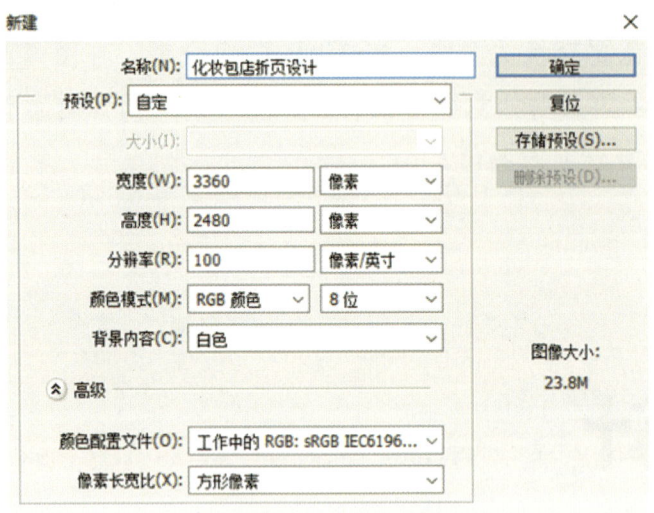

图4-46　新建文件

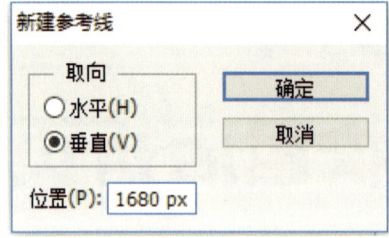

图4-47　新建参考线

③ 使用"矩形选框工具"  绘制一个矩形框,并填充颜色为R:255、G:237、B:235,效果如图4-48所示。

④ 打开本书配套资源中的"素材\项目4\任务4\商标.psd"文件,把"商标"文件移动到图像文件中,按<Ctrl+T>组合键调整商标大小及位置,添加图层样式描边效果,"大小"为20像素,"位置"为外部,"混合模式"为正常,"不透明度"为100%,"填充颜色"为白色,效果如图4-49所示。

图4-48　矩形选框填充效果

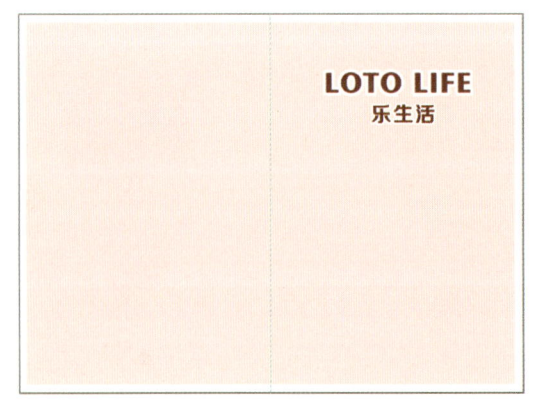

图4-49　商标位置及效果

⑤ 打开本书配套资源中的"素材\项目4\任务4\素材1.jpg"文件,双击该图层并单击"确定"按钮,对图层进行解锁。然后使用"魔棒工具",在属性栏输入"容差"为10,勾选"消除锯齿",取消"连续",如图4-50所示。

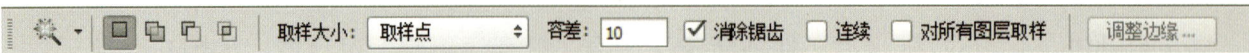

图4-50　魔棒工具属性栏设置

⑥ 设置好"魔棒工具"属性后,选择"素材1"中的边缘白色位置,再使用"快速选择工具",在属性栏选择"从选区中减去",选择素材中"LOTO LIFE"的区域,按<Delete>键把白色区域删除,效果如图4-51所示。

⑦ 把抠图后的"素材1"移动到图像文件中,图层重命名为"粉红化妆包",按<Ctrl+T>组合键,缩放图像到右方合适位置,属性栏中设置图像旋转"-37°",按<Enter>结束,效果如图4-52所示。

图4-51　抠图效果

⑧ 打开本书配套资源中的"素材\项目4\任务4"中的"羽毛1.psd"和"羽毛2.psd"文件,移动到图像文件中,图层分别重命名为"羽毛1"和"羽毛2",选择2个图层,按<Ctrl+G>组合键,该组重命名为"羽毛",图层和组如图4-53所示。

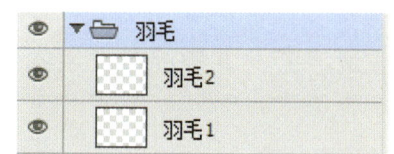

图4-52　素材1效果　　　　　　　　图4-53　图层和组

⑨ 给组"羽毛"设置"投影"图层样式,"混合模式"为正常、"颜色"为黑色、"角度"为62度、"距离"为75像素、"扩展"为0%、"大小"为5像素,如图4-54所示,效果如图4-55所示。

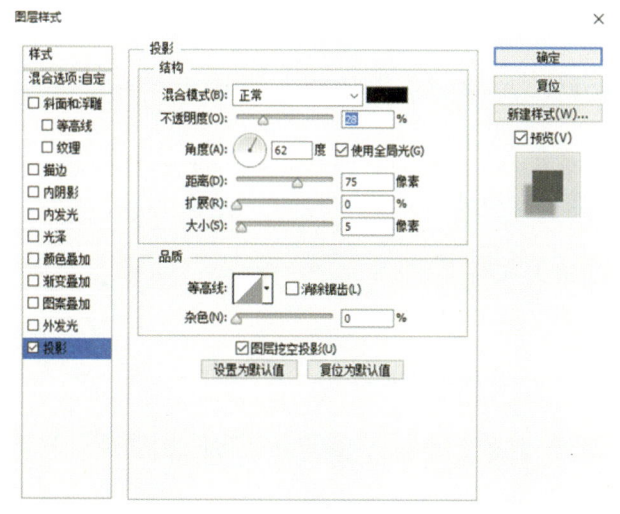

图4-54　设置投影　　　　　　　　图4-55　投影效果

⑩ 新建一个图层,重命名为"投影",使用"椭圆选框工具",设置"羽化"为32像素,在粉红化妆包下方绘制一个椭圆,填充颜色为R:185、G:178、B:170,效果如图4-56所示。

⑪ 打开本书配套资源中的"素材\项目4\任务4"中的"素材2.jpg"至"素材6.jpg"文件,移动到图像文件中,置于左边设计区域,效果如图4-57所示。

12 打开本书配套资源中的"素材\项目4\任务4\素材文本.doc"文件，将广告文字内容用横排文字分别输出，参照效果如图4-58所示。至此，本任务制作完成。

图4-56　投影效果

图4-57　素材排版效果

图4-58　完成效果图

知识技巧点拨

1）本任务的设计排版可以借助参考线，使设计效果整齐，给人舒服的感觉。

2）广告文字素材在排版时，字体颜色、大小的选择和文字位置能突出广告主题的效果。

任务拓展　助农产品商城DM单设计

根据文件夹提供的素材设计一个关于助农产品商城的DM单设计折页。

任务描述

搜索一些你家乡的农产品的图片和文字素材，制作一个宣传助农产品商城的宣传折页，助力乡村振兴，帮助家乡经济发展。

任务要求

在制作宣传折页的过程中，要注意折页的相关文字和图片元素的结合，版面整洁和美观，信息排列合理而有序、不紊乱，能突出宣传作用。

任务提示

1）在制作过程中，可以先确定好背景，通常背景采用渐变色或者是图片。

2）注意图像的大小和分辨率的设置。

3）适当采用图层蒙版和字体特效，在图片的融合和信息的突出中起到合适的作用。

项目5
图书封面设计

➤ 项目描述

书是人类传播知识和思想、积累人类文化的重要工具，是人类文明进步的阶梯。图书封面就是一本书的包装外衣，通过封面的设计可以让读者了解到书的内容和要点。图形、色彩和文字是封面设计的三大要素，把三者有机地结合起来进行设计，将会表现出书的丰富内涵，并以传递信息为目的和一种美感的形式呈现给读者。

➤ 学习目标

通过图书封面设计项目制作学习，可以掌握几种工具在Photoshop中的综合应用，运用"钢笔工具"绘制图像路径，使用"文字工具"编排文字的应用，注意文字与画面的搭配，"图层蒙版工具"与色彩线性渐变的结合应用等。

任务1 小说图书封面设计

任务描述

图书封面设计具有非常重要的作用，封面最原始的功能是对图书正文内容的保护，现阶段已经演变为更重要的作用，即"广告宣传作用"，一个优秀的小说图书封面能唤起读者的兴趣，促成他们的购买行为。本任务就来学习小说图书封面的设计。

任务分析

本任务为设计小说图书封面，主要使用图像、滤镜工具、去色、模糊等命令使调整后的素材具有现代小说风格，使用图层蒙板、曲线命令调整素材图片融合方式等。小说图书封面设计效果如图5-1所示。

图5-1　小说图书封面设计效果图

任务实施

1 启动Photoshop，执行"文件"→"打开"命令，打开本书配套资源中的"素材\项目5\任务1\天空素材.jpg"文件，如图5-2所示。

❷ 选择背景图层并按<Ctrl+J>组合键,复制背景图层为"图层1",选中"图层1",执行"图像"→"调整"→"去色"命令,效果如图5-3所示。

图5-2　打开素材

图5-3　复制背景图层并去色

❸ 选中"图层1"并按<Ctrl+J>组合键,复制"图层1"为"图层1副本",选中"图层1副本",执行"图像"→"调整"→"反相"命令,然后更改图层混合模式为"颜色减淡",如图5-4所示。

❹ 选中"图层1副本",执行"滤镜"→"其他"→"最小值"命令,设置"半径"为1px,如图5-5所示。

图5-4　反相后设置颜色减淡混合模式　　　　　图5-5　设置最小值

❺ 选中"图层1副本",执行"图层"→"图层样式"→"混合选项"命令,打开"图层样式"对话框,在"混合选项"中选择混合模式为"颜色减淡",如图5-6所示。

❻ 选择"图层1副本"并按<Ctrl+E>组合键执行盖印操作,将其和"图层1"合并成一个图层,此时有"图层1"和"背景层"两个图层,如图5-7所示。

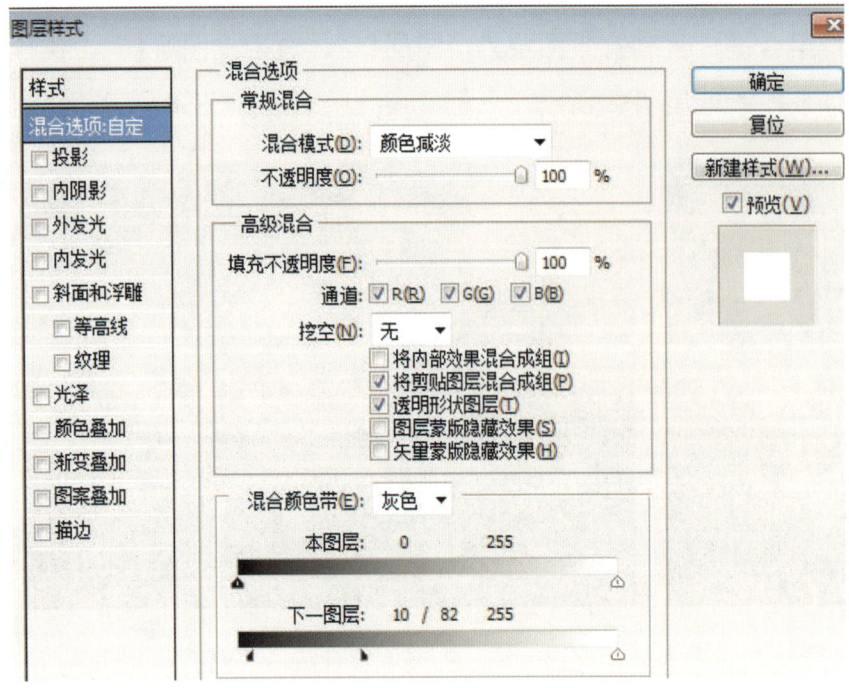

图5-6　图层样式参数

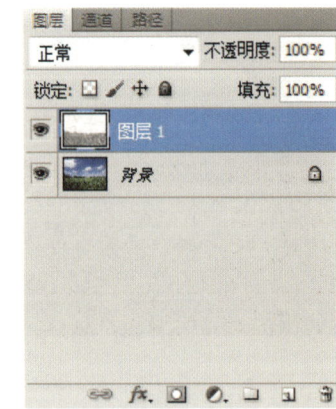

图5-7　现有图层

7 按<Ctrl+J>组合键对现在的"图层1"进行复制操作，执行"滤镜"→"模糊"→"高斯模糊"命令，半径调整为6.0像素，将图层混合模式改为线性加深，效果如图5-8所示。

8 复制背景图层，将"背景副本"图层调整到整个图层的最顶部，并将其"图层混合模式"改为"颜色"，如图5-9所示。

图5-8　线性加深后效果

图5-9　复制背景图层混合模式改为颜色

9 为"背景副本"图层添加黑色蒙版，并执行"图像"→"调整"→"曲线"命令，打开"曲线"对话框，参数设置如图5-10所示。

10 新建"图层2"，填充颜色为R：255、G：236、B：209，并将其"图层混合模式"设置为线性加深，效果如图5-11所示。

项目5 图书封面设计

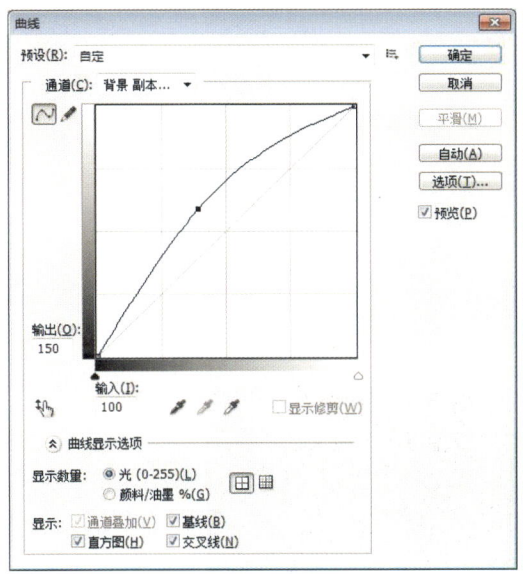

图5-10 曲线调整

图5-11 线性加深后效果

11 在"背景副本"图层的黑色蒙版内用白色画笔进行涂抹,将画笔流量调整到50%,调整"图层1"的填充度为40%~50%,然后在背景图层执行"滤镜"→"模糊"→"高斯模糊"命令,半径数值调整为3,调整后的效果如图5-12所示。此时的图层面板如图5-13所示。

图5-12 图层蒙版效果

图5-13 图层面板

12 选择工具栏中的"横排文字工具",输入文字"稻香的天空",设置为华文行楷、72点,"消除锯齿方法"改为锐利、"颜色"为13346b,如图5-14所示。

图5-14 文字工具参数

13 选择工具栏中的"矩形选框工具" ,"样式"修改为固定大小,"宽度"为38px、"高度"为736px,在封面中间固定选区,填充白色,选择"直排文字工具" ,输入文字"稻香的天空,××出版社,×× 著",如图5-15所示。

85

图5-15 封面设计

14 新建"图层3",打开本书配套资源中的"素材\项目5\任务1\条形码素材.jpg"文件,移动到"××出版社"旁边的位置,并输入定价信息,完成小说图书封面设计,最终效果如图5-16所示。

图5-16 小说图书封面设计效果图

知识技巧点拨

1)在步骤**5**中可以多加尝试把混合颜色带的数值进行调整,调整此参数可以让绘画的线条更加清晰。

2)在步骤**7**中需要按照自己图片大小来设定高斯模糊的半径,步骤**11**中的画笔涂抹建议使用水彩画笔。

任务2 宣传画册封面设计

任务描述

宣传画册是现代生活中常见的商业、公益等宣传方式之一。本任务为学习宣传画册封面的设计,通过天空般自由的蓝色来衬托充满设计元素的宣传画册封面,展现一种自由的艺术气息。

任务分析

本任务为设计制作宣传画册封面,主要使用"渐变工具""选择工具"等,最后效果如图5-17所示。

图5-17 宣传画册封面效果图

任务实施

1 启动Photoshop,执行"文件"→"新建"命令,打开"新建"对话框,如图5-18所示,设置文件"名称"为"宣传画册封面设计",设置"预设"为"国际标准纸张","大小"为A4,"分辨率"为300像素/英寸,"颜色模式"为RGB颜色,单击"确定"按钮,创建一个新的图像文件。

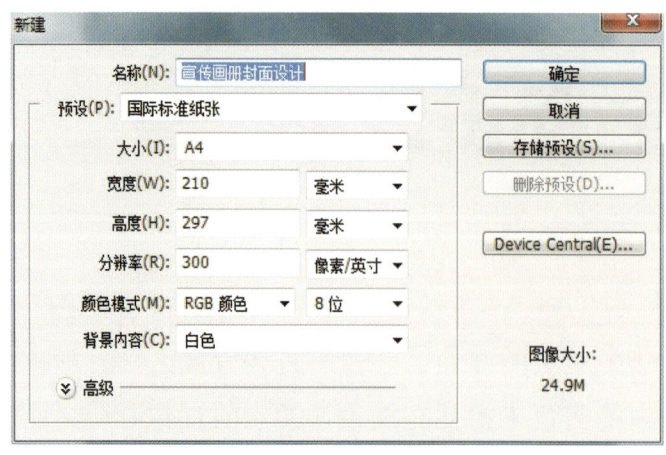

图5-18　新建文件

2 打开本书配套资源中的"素材\项目5\任务2\纹理.psd"文件,将素材移动到图像文件中,按<Ctrl+T>组合键将其缩小并移动到适当位置,按<Enter>键结束,图层重命名为"纹理",效果如图5-19所示。

3 选择工具栏中的"椭圆选框工具"，然后在状态栏上设置为"添加到选区"，分别绘制4个椭圆选区,效果如图5-20所示。

图5-19　导入素材　　　　　　　　　　图5-20　选区效果

4 选择工具栏中的"矩形选框工具"，然后在状态栏上设置为"添加到选区"，再添加绘制一个矩形选区,效果如图5-21所示。

5 选择选区并单击鼠标右键,在弹出的快捷菜单中选择"选择反向",得到选区并按<Delete>键删除多余纹理,得到如图5-22所示的结果。

项目5 图书封面设计

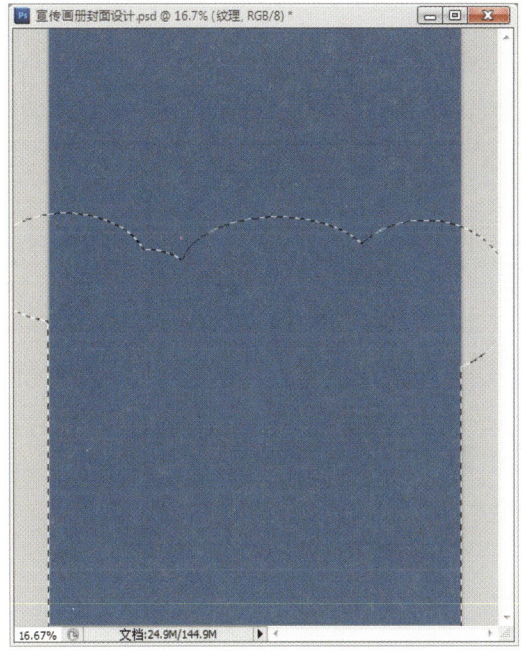

图5-21　整体选区效果

图5-22　纹理效果图

6 打开本书配套资源中的"素材\项目5\任务2\素材1.psd"文件，把天空图片移动到图像文件中，重命名为"天空"，图层置于"纹理"图层下面，按<Ctrl+T>组合键缩小图像并移动到合适位置，按<Enter>键结束，如图5-23所示。

7 打开本书配套资源中的"素材\项目5\任务2\素材2.psd"文件，图片移动到图像文件中，重命名为"校园"，再按<Ctrl+T>组合键缩小图像并移动到合适位置，按<Enter>键结束，如图5-24所示。

图5-23　置入素材1

图5-24　置入素材2

8 选择工具栏中的用"矩形选框工具"，然后在状态栏设置为"新选区"，羽化值设置为100px，选择图层"校园"的上半部分，并按<Delete>键，如图5-25和图5-26所示。

89

图5-25　选区

图5-26　删除后效果

9 选择工具栏中的"直排文字工具" ，输入画册标题文字内容"学校宣传画册"，文字颜色设置为黄色（R：251、G：220、B：95）。选择"横排文字工具"，在下方输入"学校办公室 制"，文字颜色为白色，图层样式均设置为"投影"，如图5-27所示。

10 打开本书配套资源"素材\项目5\任务2"中的"素材3.psd""素材4.psd"，选择"椭圆选框工具"，在状态栏设置羽化值为5px，分别把校园图片素材截取到图像文件中，移动图像到适当位置。至此，本任务制作完成，效果如图5-28所示。

图5-27　加入文字

图5-28　完成图

知识技巧点拨

1）在对纹理进行造型截取的时候，要注意在使用"椭圆选框工具"的时候，应选择设置为"添加到选区"，这样才能把几个选区合为一个整体。

项目5　图书封面设计

2）在图层比较多的时候，要注意图层的重命名和控制好图层的顺序，这样能更好地控制整个设计的节奏。

任务3 学生作文专刊封面设计

任务描述

封面是各种文章杂志的首页，是书的外貌，它既体现书的内容、性质，同时又给读者以美的享受，并且还起到保护图书的作用。封面设计包括书名、编著者名、出版社名等文字和装饰形象、色彩及构图。使封面体现书的内容、性质、体裁，并且使封面起到启迪读者思维的作用，是封面设计中最重要的一环。

任务分析

本任务为设计制作学生作文专刊的封面。本任务使用了图片缩放处理、蒙版工具、渐变填充、图层样式、文字工具等，封面设计效果如图5-29所示。

图5-29　封面设计效果图

任务实施

1 启动Photoshop，新建一个宽度×高度为39cm×27cm的文件，分辨率为300像素/英寸，颜色模式为RGB颜色的文件。按<Ctrl+R>组合键显示标尺，把画布平分成左右两部分，打开本书配套资源中的"素材\项目5"，将"hua4.jpg"拖入到右边一半的画布中。复制该图层并使用"图层剪贴蒙板"，然后使用"渐变工具"，从上往下拉进行渐变填充，如图5-30所示。

图5-30 置入素材并渐变效果图

❷ 新建一个图层，使用"渐变工具"，选择对称渐变，颜色设置为：黄（bdbc86）、白（ffffff）、黄（bdbc86），效果如图5-31所示。

图5-31 渐变后的效果

❸ 打开本书配套资源"素材\项目5\任务3"，把"hua1.jpeg" "hua2.jpeg" "hua3.jpeg" 文件放入图层，按<Ctrl+T>组合键调整好大小，按照图5-32所示位置进行摆放。

❹ 新建一个图层，输入文字"新蕾"，字体设为"华文琥珀"，大小为"140点"。栅格化文字，双击图层打开图层样式，设置如图5-33、图5-34所示。

项目5　图书封面设计

图5-32　摆放好素材

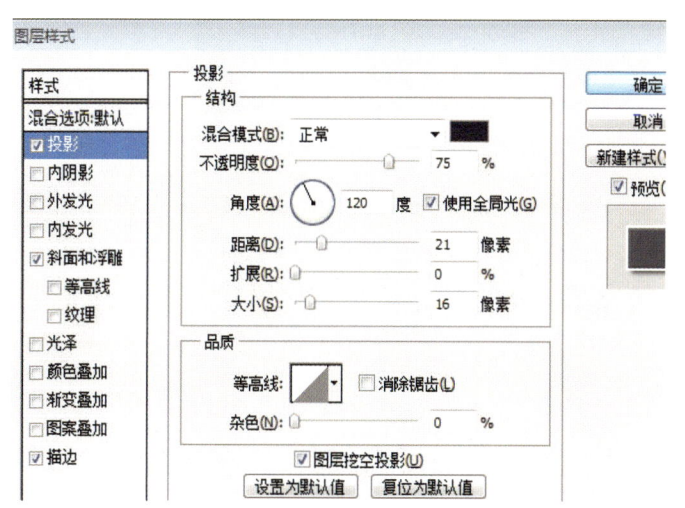

图5-33　设置图层投影

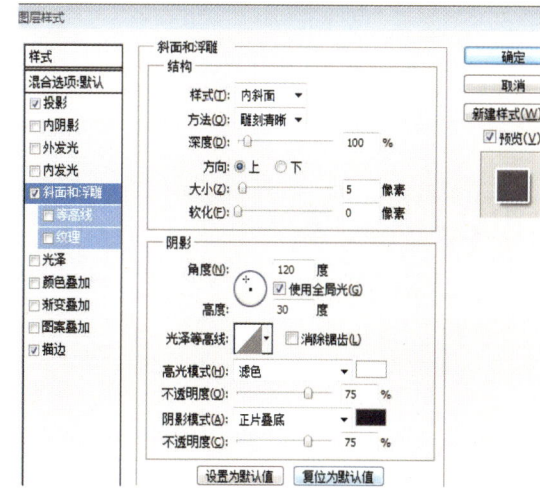

图5-34　设置斜面和浮雕

5 打开本书配套资源中的"素材\项目5\任务3",然后再把素材图片"fy.jpg"除去白色背景,拖动到新的图层,按<Ctrl+T>组合键调整到适当大小,分别放在文字的上方,如图5-35所示。

图5-35　文字上摆放图片效果

93

6 选择工具栏中的"横排文字工具" ，添加文字"第3期""学生作文专刊"，效果如图5-36所示。

图5-36　封面最终效果图

知识技巧点拨

1）图层蒙版的建立与应用，利用渐变色填充能产生一种自然的过渡效果，图层样式能使文字看起来亮丽夺目，起到突出主题的效果。

2）在封面设计过程中，围绕主题的相关图片素材的收集和能表达主题的刊目文字非常重要，封面内容要素应齐全，整个构图尽量做到和谐与统一。

任务4
《科技经济学》封面设计

任务描述

《科技经济学》图书版面规划、封面封底和书脊排版设计要求：

1）使用抽象图形作为图书主要内容，配以适当版面编排。

2）在色彩、文字编排方面要求偏重理性、严肃、可靠的视觉效果。

3）注重突出书名文字设计，达到宣传效果。

4）书籍成品的尺寸宽高：13cm×18.5cm。

5）选择用60g胶版纸印刷，书本厚度自行计算（利用本任务所讲的书脊计算方法）。

项目5 图书封面设计

任务分析

本任务是设计《科技经济学》图书封面，由于是经管类图书，知识理论性比较强，因此封面设计偏向理性严谨的风格，在图案元素选取上使用该领域典型的设计元素，在用色上可以选择较为严肃沉稳的冷色调，版式应层次分明。

任务实施

1 启动Illustrator，按<Ctrl+N>组合键新建文档，弹出"新建文档"对话框，参数设置如图5-37所示，单击"确定"按钮，创建一个空白文件，如图5-38所示。

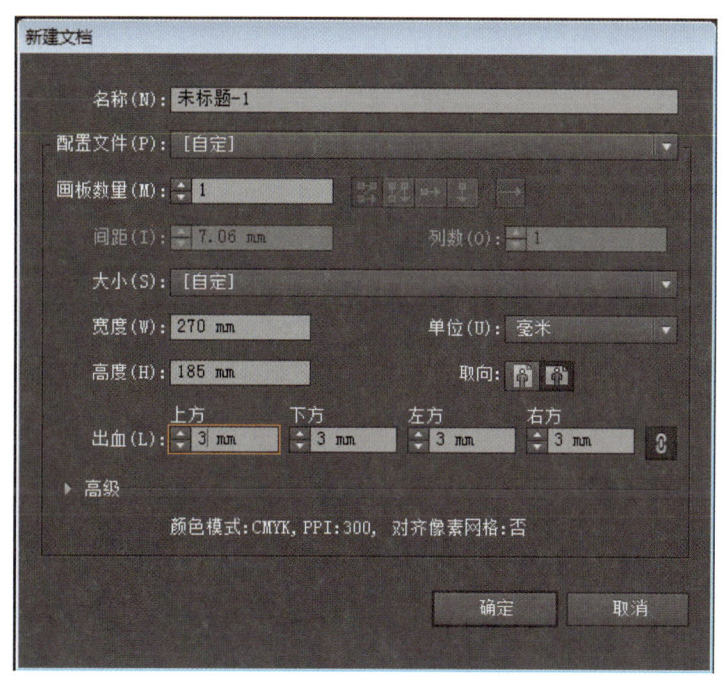

图5-37 新建文档

2 填充背景色。设置填充色为C：32、M：22、Y：19、K：0，边框色为"无"，选择工具栏中的"矩形工具" ，沿出血线绘制一个与封面相同大小的黑色矩形，作为封面的背景，如图5-39所示。

图5-38 空白文档

图5-39 封面背景色

3 锁定图层。显示"图层"面板，并将当前图层的名称修改为"背景"，然后按<Ctrl+Alt+2>组合键将其锁定，以避免后面操作时误选中此图层中的内容。

4 新建一个图层并将其重命名为"正封",绘制顶部箭头,设置填充色为C:25、M:20、Y:14、K:0,边框色为C:55、M:46、Y:44、K:0,边框粗细为0.25毫米,选择工具栏中的"钢笔工具",在如图5-40所示的封面顶部的中间位置绘制一个箭头图形。

5 绘制抽象背景图形。按照步骤**4**的方法,结合"矩形工具"和"钢笔工具"等图形绘制工具,绘制一些抽象的图形,并分别设置适当的填充色和边框色,直至得到如图5-41所示的效果。

图5-40 绘制顶部箭头

图5-41 绘制抽象图形

提示:至此已经完成了封面中的背景图形设计与制作,下面来绘制其中心的主题图形内容。

6 绘制主体图形的循环箭头。设置箭头填充色为C:13、M:14、Y:5、K:0,边框色为"无",然后选择"钢笔工具"在封面中心绘制一个如图5-42所示的箭头图形。

7 复制并调整箭头图形。按住<Alt>键,使用"选择工具"向旁边拖动步骤**6**绘制的箭头图形,得到其副本图形,然后按<Ctrl+T>组合键将其旋转110°,置于原箭头图形的左下方位置,如图5-43所示。

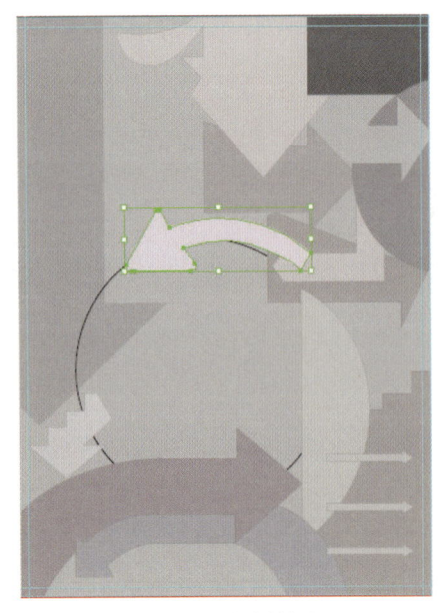

图5-42 绘制箭头1

图5-43 绘制箭头2

8 复制旋转箭头。按照步骤 7 的方法，再复制一个箭头图形并旋转，然后将其置于右侧位置，如图5-44所示。

9 编组。按住<Shift>键，使用"选择工具"，选中前面制作的3个箭头图形，然后按<Ctrl+G>组合键将其编组在一起。

10 添加投影。选中编组后的箭头图形，执行"效果"→"风格化"→"投影"命令，弹出"投影"对话框，对话框参数设置如图5-45所示，效果如图5-46所示。

图5-44　绘制箭头3

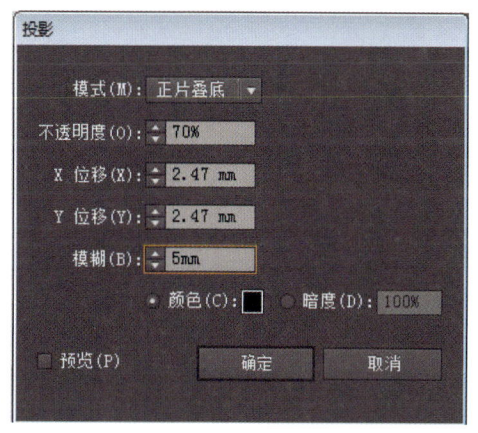

图5-45　参数设置

11 在3个箭头的中心位置增加书名。首先，设置填充色为C：70、M：68、Y：70、K：33，边框色为"无"，使用"钢笔工具"，绘制一个如图5-47所示的矩形块。

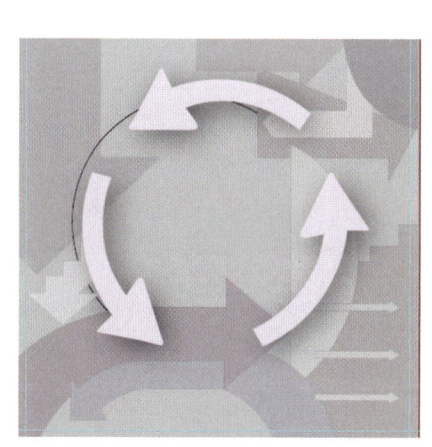

图5-46　投影效果

图5-47　绘制矩形块

12 书名输入。选择"文字工具"，设置文字颜色为"白色"，边框色为"无"，设置适当的文字属性，在步骤 11 绘制的矩形块内分别输入图书的中、英文名称及目前的版次，如图5-48所示。

13 按照第 11 步和第 12 步的方法,在封面输入系列图书的作者名称,如图5-49所示。

图5-48　输入书名

图5-49　输入图书作者名称

14 复制箭头。按住<Alt>键,使用"选择工具" ,拖动编组后的3个箭头图形,得到其副本图形,然后按<Ctrl+Shift+G>组合键取消群组状态。此时,原群组上的"投影"效果也一并消失。

15 移动调整箭头图形,把箭头图形复制到正封的右侧作为装饰。首先,选中该图形并修改其填充色为C:75、M:69、Y:64、K:25,然后按住<Shift>键缩小图形,将其置于封面右上角的位置,如图5-50所示。

16 连续复制多个图形。按住<Alt+Shift>组合键,使用"选择工具" 将右上角的小箭头图形向下拖动一定距离,同时得到其副本图形,然后连续按<Ctrl+C>组合键复制多个图形,直至图形在右侧垂直方向上填满为止,如图5-51所示。

图5-50　复制移动箭头图形

图5-51　连续复制多个图形

17 复制封面的背景图形。按<Ctrl+A>组合键全选当前未锁定的所有对象,然后按住<Shift>键分别单击作者姓名、书名、出版社以及最右侧的装饰图形,从而选择当前的封面图形及中间的主体箭头图形,然后按<Ctrl+C>组合键复制。

18 制作封底及其他。新建一个图层并将其重命名为"封底及其他",然后锁定图层"正封"。按<Ctrl+V>组合键粘贴上一步复制的图层,然后按<Ctrl+G>组合键将其编组。选中编组的图形,然后按<Ctrl+T>组合键将其旋转180°,并置于封底位置,如图5-52所示。

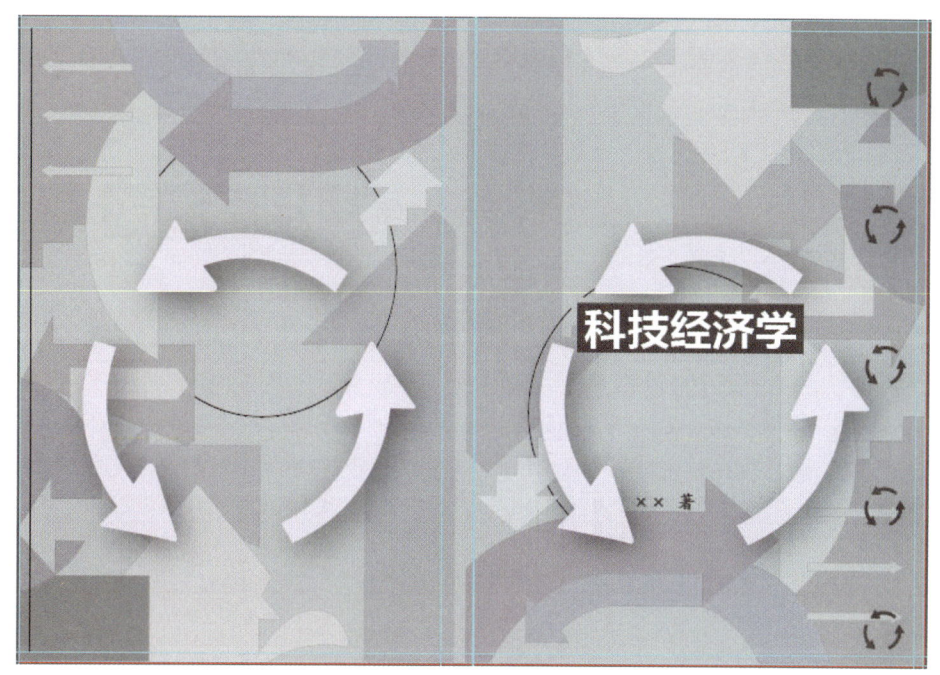

图5-52 制作封底内容

19 调整图形不透明度。选择封底图形,按<Ctrl+Shift+G>组合键取消其编组状态,然后选择中间的箭头图形,显示"不透明度"面板,设置不透明度为50%,效果如图5-53所示。

图5-53 调整不透明度

20 制作书脊内容。打开本书配套资源中的"素材\项目5\任务4\条形码.jpg",把条形码示意图插入到封底的右下方。结合"矩形工具" ▫、"文字工具" T,在封面中加入出版社名称,书名以及定价等文字信息。最终效果如图5-54所示。

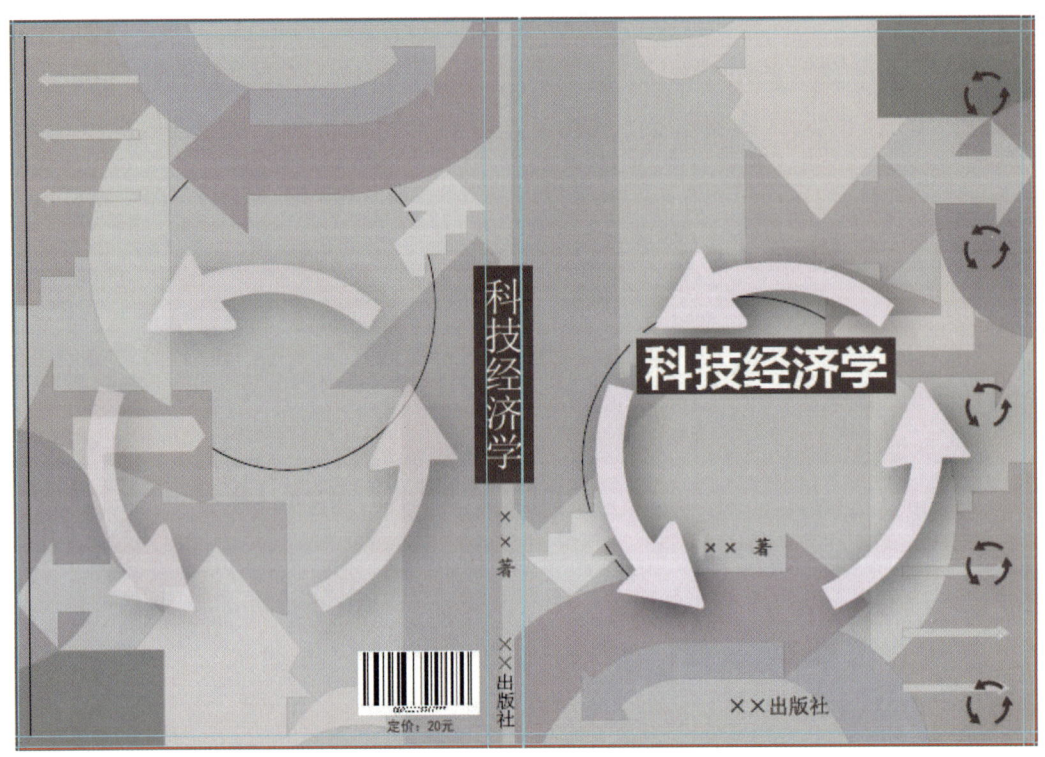

图5-54　最终效果

知识技巧点拨

1) 版面基本布局:图书的版式设计是指在一种既定的开本上,把书稿的结构层次、文字、图表等方面进行艺术而又科学的处理,使图书内部的各个组成部分的结构形式,既能与图书的开本、装订、封面等外部形式协调,又能给读者提供阅读上的方便和视觉享受,如图5-55所示。

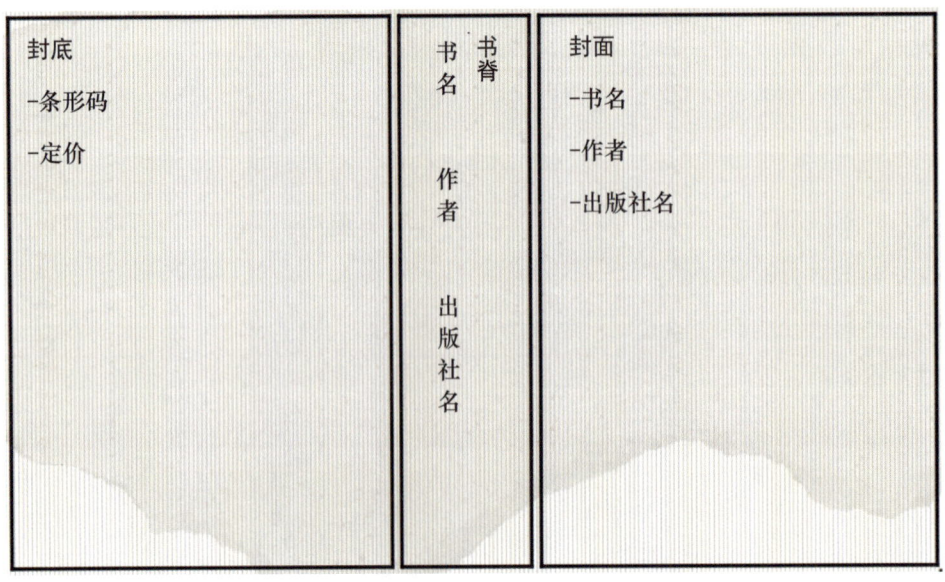

图5-55　版面布局图

2）书脊厚度的计算方法：书脊的厚度要计算准确，这样才能确定书脊上的字体大小，设计出适合的书脊。下面是计算书脊的厚度常用的两种公式。

① 第一种公式。

书脊厚度=0.135×克数÷100×页码数÷2（单位：mm）

注意：克数是指纸张的重量，如128g铜版纸、157g铜版纸、60g胶版纸，其中的数字就是克数。

例如：一本用60g胶版纸印刷的文学书脊，总页码数（包括扉页、目录、附录等）是382，则这本书的书脊厚度=0.135×60÷100×382÷2=15.5mm。

② 第二种公式。

书脊厚度=页码数÷100×百页纸厚（单位：mm）

注意：百页纸厚可以咨询印刷工厂人员，另外如果页码数大于400，则得到的数字要加1毫米。

例如：一本用80g胶版纸印刷的书脊，总页码数（包括扉页、目录、正文、附录等）是420，则这本书的书脊厚度=420÷100×5+1=22mm。

通常，55g纸的百页纸厚为3.5mm，60g纸的百页纸厚为3.8mm，70g纸的百页纸厚为4mm，80g纸的百页纸厚为5mm。

任务拓展 《平面设计与制作综合实训》封面设计

设计《平面设计与制作综合实训》封面。

任务描述

根据本项目所讲的图书封面排版特点，选用以"图形为主，图文结合"的版式，设计《平面设计与制作综合实训》的封面（封底以及书脊）。

任务要求

1）图片和文字的位置安排要错落有致。

2）图书成品的尺寸：宽度为15cm，高度为22cm。

3）选择用60g胶版纸印刷，书本厚度自行计算（利用任务4所讲的书脊计算方法）。

任务提示

1）在制作过程中，图书封面必要的组成部分不能少（书名、出版社、作者、价格、条码等）。

2）注意书名标题设计醒目，采用的图形元素与图书内容相关。

3）书脊厚度设计时采用科学方法计算准确，否则影响版式大小，造成印刷制作上的问题。

《平面设计与制作综合实训》封面设计参考图如图5-56所示。

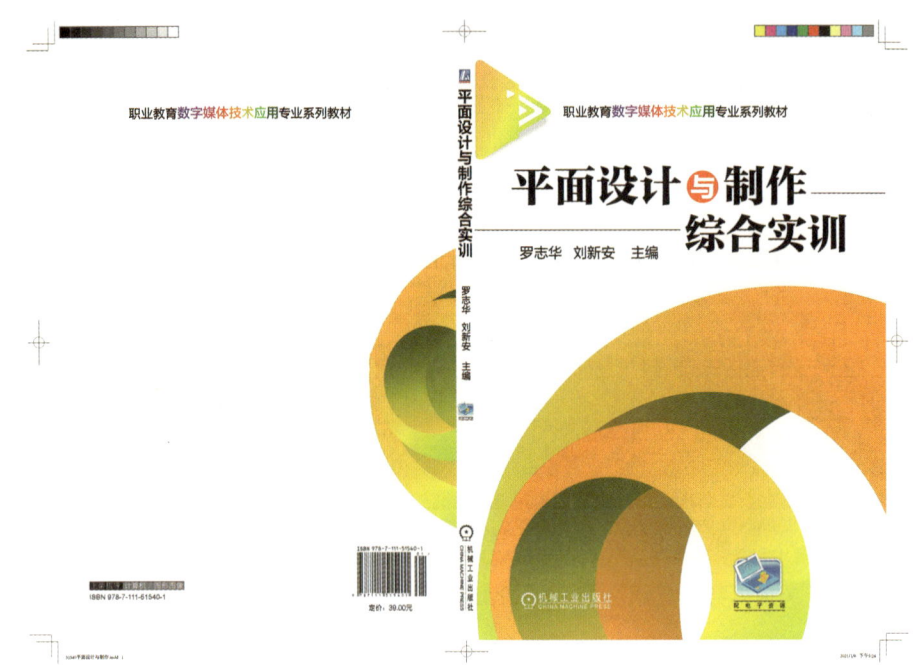

图5-56 《平面设计与制作综合实训》封面设计参考图

知识技巧点拨

本项目的难点在于图书封面的尺寸计算，重点在于封面的图文排版，特别是书名字体的设计。书名标题设计与图案素材的处理是否得当直接影响受众抓取重要信息的速度。封面版式结构合理，主要信息层次分明，能够很好地突出视觉中心点，突出书名，达到宣传效果。

项目6
产品包装设计

▶ 项目描述

包装是指产品诞生后为保护产品的完好无损而采用的保护层,以便于在运输、装卸、存储以及销售的过程中,通过使用合理、有效、经济的保护层保护产品,从而避免产品损坏而失去它原有的价值。所以包装强调结构的科学性、实用性。设计师要秉持职业道德,培养正确的价值取向,践行绿色、环保、低碳的设计理念。本项目将介绍多个包装创意设计制作的过程。

▶ 学习目标

通过产品包装设计的项目制作学习,主要掌握几种工具在Photoshop中的综合应用,在制作过程中应用到Photoshop中的"变换工具""渐变工具""自定义形状工具""文字工具""钢笔工具"等。通过合理的布局设计,以及图层混合模式、复制图层、降低不透明度等,达到理想效果。

任务1
比萨包装设计——包装盒

任务描述

本任务为制作产品包装设计中经常见到的食品包装——比萨包装盒的设计。本任务通过红色的背景烘托出温暖的气氛，比萨的特写表现其诱人的品质，用鲜艳的色彩对比来增加视觉冲击力。

任务分析

比萨包装盒效果如图6-1所示，突出产品的吸引力，包装的设计显档次，给人以高贵的感觉，主题背景颜色为暖色调，突出鲜艳的色彩对比，来增加视觉冲击力。

图6-1　比萨包装盒效果图

任务实施

1 启动Photoshop，执行"文件→新建"命令，打开"新建"对话框，如图6-2所示，设置文件"名称"为"比萨盒包装平面图"，设置"宽度"为29.7厘米，"高度"为21厘米，"分辨率"为300像素/英寸，"颜色模式"为RGB颜色，单击"确定"按钮，创建一个新的图像文件。

2 在图像窗口中按<Ctrl+R>组合键显示标尺，执行"视图"→"新建参考线"命令，分别在图像窗口的7厘米和23厘米处的垂直位置以及3厘米和17厘米处水平位置创建辅助线，效果如图6-3所示。

项目6　产品包装设计

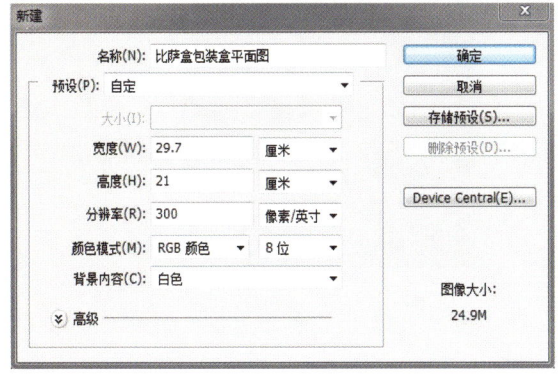

图6-2　新建文件

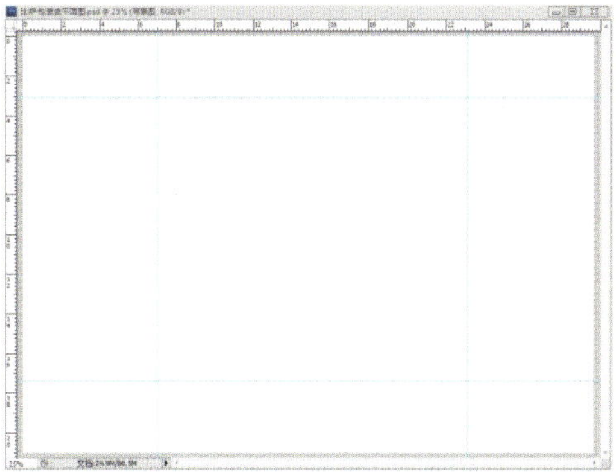

图6-3　建立辅助线

3 新建一个图层，重命名为"背景色"，选择工具栏中的"矩形选框工具"，在辅助线内绘制一个条形矩形选区，选择"线性渐变工具"，左色标颜色设为R：255、G：0、B：0，右色标颜色设为R：90、G：0、B：0，如图6-4所示。然后径向渐变填充背景色，效果如图6-5所示。

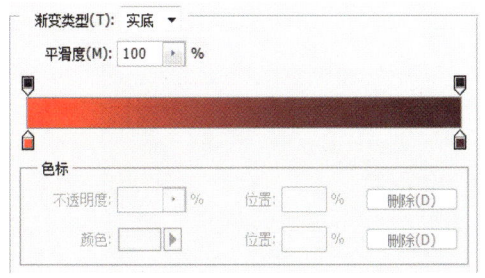

图6-4　设置线性渐变

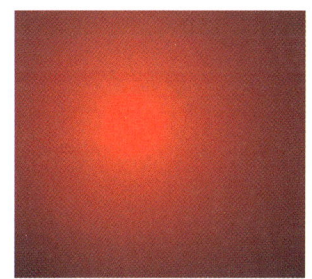

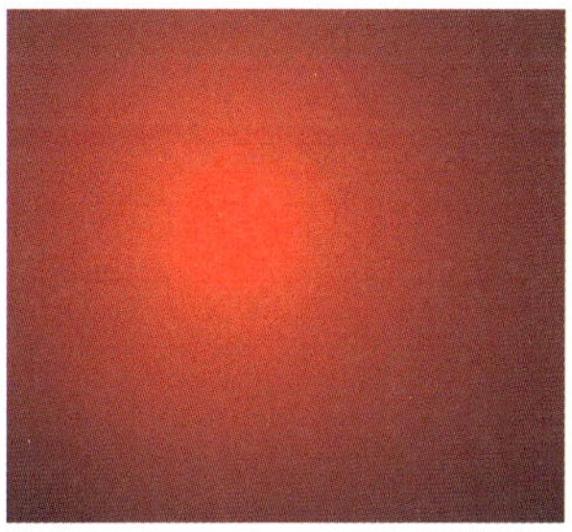

图6-5　渐变填充效果

4 选择"矩形选框工具"，分别在上、下、左、右4个方向建立选区，填充效果如图6-6和图6-7所示。

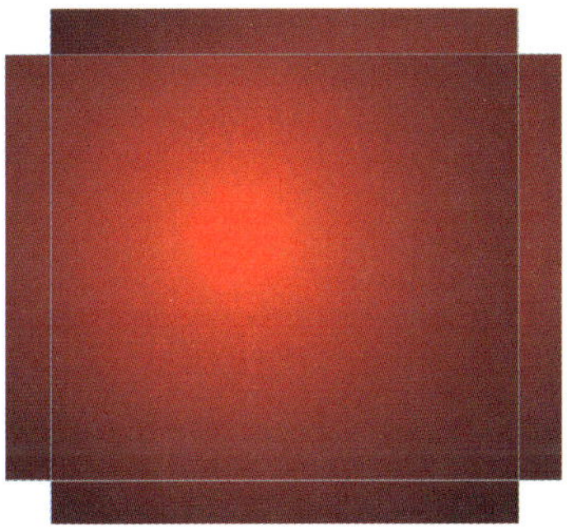

图6-6　填充四边

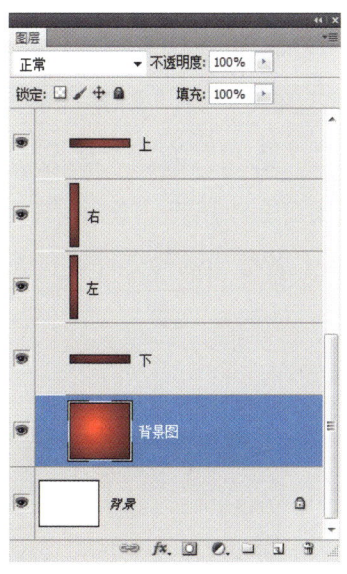

图6-7　填充效果的图层显示

5 新建一个图层，重命名为"发散"，选择"自定义形状工具"，选择形状，在图像中拉出图形，并填充色彩，效果如图6-8所示。将辅助线外的多余图形删除，然后建立图层蒙版将发散中心隐藏，如图6-9所示。

105

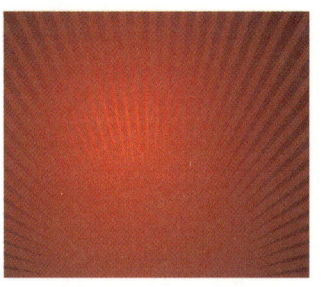
图6-8　发散图形效果

图6-9　蒙版效果

6 打开本书配套资源中的"素材\项目6\任务1\标志1.psd"文件,将标志移动到图像文件中,重命名为"标志1",按<Ctrl+T>组合键,缩小图像移动到合适位置,按<Enter>键结束,打开本书配套资源中的"素材\项目6\任务1\产品.jpg",将完整的比萨图案抠取到图像中间,如图6-10所示。

7 打开本书配套资源中的"素材\项目6\任务1\雾气效果.psd"文件,把文件移动到图像文件中,重命名为"雾气",按<Ctrl+T>组合键,缩小图像移动到合适位置,按<Enter>键结束,如图6-11所示。

图6-10　添加素材

图6-11　添加雾气效果

8 选择工具栏中的"横排文字工具" ，输入广告宣传语"好吃就给力！",参数设置如图6-12所示。移动到靠左侧的位置,至此平面图完成,如图6-13所示。

9 执行"文件"→"新建"命令,打开"新建"对话框,设置文件"名称"为"任务1比萨包装盒","宽度"为29.7厘米,"高度"为21厘米,"分辨率"为300像素/英寸,"颜色模式"为RGB颜色,单击"确定"按钮,创建一个新的图像文件,导入本书配套资源中的"素材\项目6\任务1\背景.jpg"文件,如图6-14所示。

图6-12　设置文字属性

图6-13　输入文字后的平面图效果

图6-14　导入背景

项目6　产品包装设计

10 把完成的平面图导入"任务1比萨盒包装"图像中，如图6-15所示。建立一个图层文件夹，命名为"平面图"，如图6-16所示。

图6-15　导入平面图

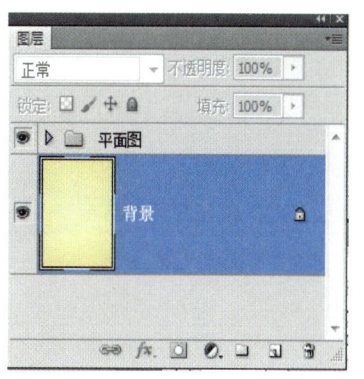

图6-16　建立图层文件夹

11 建立一个图层文件夹并命名为"立体图"，选择"矩形选框工具" ，选择平面图中的正面，将图形复制到"立体图"文件中，图层重命名为"正面"，按<Ctrl+T>组合键，调整图像的透视效果，按<Enter>键结束，如图6-17和图6-18所示。

图6-17　选择图像

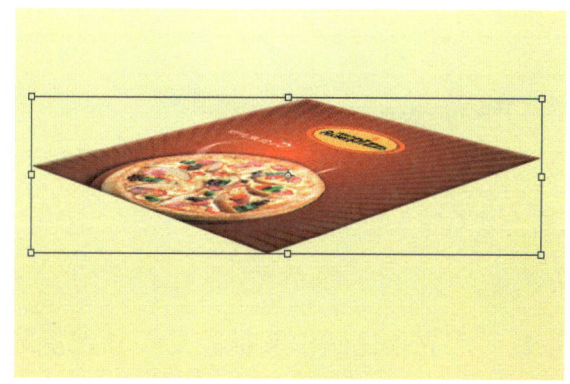

图6-18　调整透视

12 选择"矩形选框工具" ，选择平面图中的底边部分，将图形复制到"立体图"文件中，图层重命名为"底边"，按<Ctrl+T>组合键调整图像的透视效果，按<Enter>键结束，按<Ctrl+M>组合键打开"曲线"对话框，调整明暗效果，把底边的明度降低，增强立体感，如图6-19和图6-20所示。

图6-19　添加底边效果

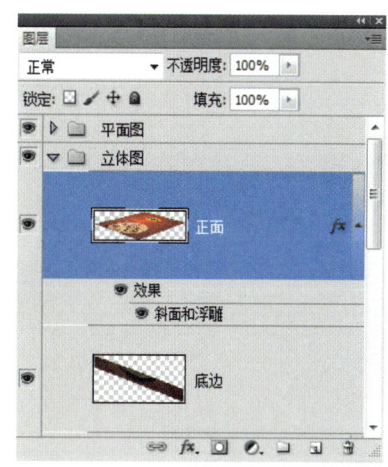

图6-20　添加底边图层效果

13 选择"矩形选框工具" ，选择平面图中的右边部分，将图形复制到"立体图"文件中，图层重命名为"右边"，按<Ctrl+T>组合键调整图像的透视效果，按<Enter>键结束，按<Ctrl+M>组合键打开"曲线"对话框，调整明暗效果，把右边的明度降低，如图6-21所示。

图6-21　添加右边效果图

14 选择"钢笔工具" ，在立体图的下方绘制图形，如图6-22所示，按<Ctrl+Enter>组合键建立选区并填充黑色，然后进行适当的高斯模糊，使边缘产生柔和效果，图层重命名为"阴影"，如图6-23所示。

 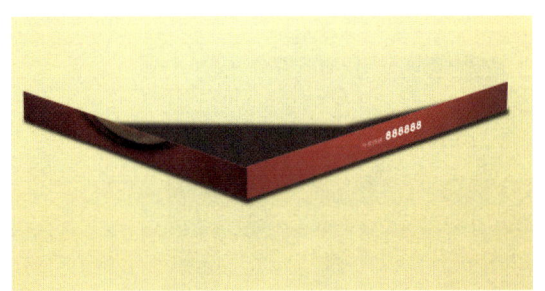

图6-22　填充选区　　　　　　　　　图6-23　阴影效果

15 最后给立体图制作倒影效果，分别复制底边和右边图层，然后进行翻转，再添加图层蒙版进行半透明渐变，重命名为"倒影"，最终效果如图6-24所示。

图6-24　效果图

项目6　产品包装设计

知识技巧点拨

1）在使用"渐变工具"对图像进行线性和对称的渐变填充时，按住鼠标左键拖动的方向和距离都会影响到填充效果。在进行渐变填充的时候，鼠标箭头的位置将是渐变效果的中心点。

2）自由变换图像，选取需要变换的图像，按<Ctrl+T>组合键，在图像四周将出现自由变换控制框，按<Ctrl>键拖动4个角上的任意一个控制点，都可以对图像进行扭曲处理，特别是调整图像的透视角度非常实用。

3）"吸管工具"用于吸取图像中的颜色，吸取的颜色将显示在前景色或背景色中。选取"吸管工具"，在图像中需要的颜色上单击鼠标左键，即可吸取出新的前景色，按<Alt>键的同时单击鼠标左键，可选取出新的背景色。

任务2
比萨包装设计——购物袋

任务描述

本任务是为比萨设计购物袋，采用跳跃的黄色来呼应比萨包装盒的红色调设计。

任务分析

本任务使用的工具并不多，用"渐变工具"设置背景的渐变色彩，设置产品的图像抠图、图层样式。使用"文字工具"制作广告语，以及将"蒙版""涂抹工具""钢笔工具"等结合使用制作倒影等，最后效果如图6-25所示。

图6-25　比萨购物袋设计效果图

109

任务实施

1 启动Photoshop，执行"文件"→"新建"命令，打开"新建"对话框，如图6-26所示，设置文件"名称"为"比萨购物袋平面图"，设置"宽度"为29厘米，"高度"为18厘米，"分辨率"为300像素/英寸，"颜色模式"为RGB颜色，单击"确定"按钮，创建一个新的图像文件。

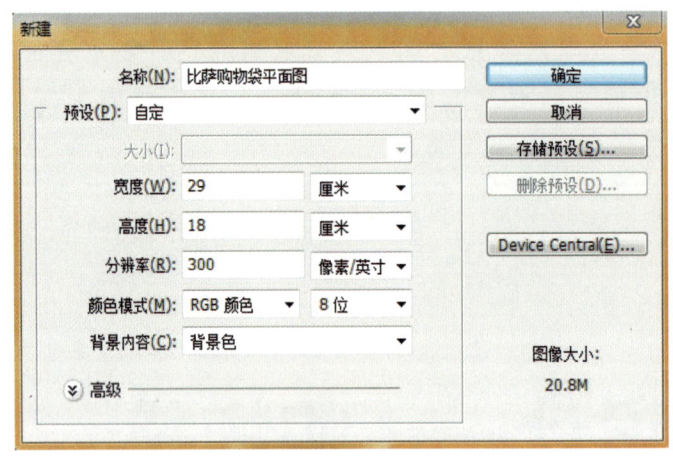

图6-26　新建文件

2 选择前景色为R：255、G：200、B：30，背景色为R：255、G：130、B：0，线性渐变方式为"径向渐变"，在背景图层填充放射性渐变，最后在图像垂直位置25厘米处建立参考线，如图6-27和图6-28所示。

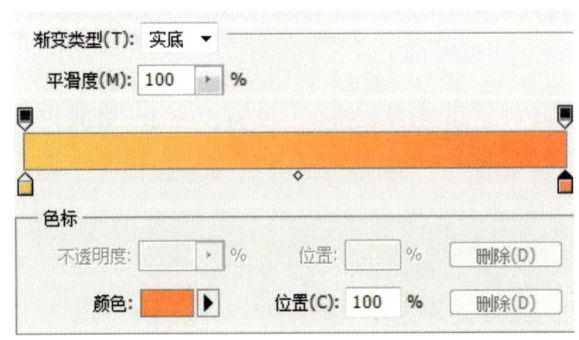

图6-27　设置色标颜色

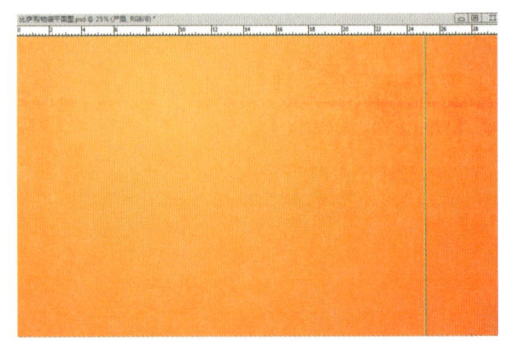

图6-28　放射性填充背景

3 打开本书配套资源中的"素材\项目6\任务2\产品.jpg"文件，将素材中的比萨图案抠取到图像文件中，按<Ctrl+T>组合键缩小和移动图像到底部位置，按<Enter>键结束，然后打开本书配套资源中的"素材\项目6\任务2\雾气效果.psd"文件，添加到产品图层上面，按<Ctrl+E>组合键合并产品图层和雾气图层，如图6-29所示。

4 打开本书配套资源中的"素材\项目6\任务2\条纹.psd"文件，用"选择工具"选择条纹图层，移动到图像中，并拖动到"产品"图层的下面，效果如图6-30所示。

5 打开本书配套资源中的"素材\项目6\任务2\标志1.psd"文件，用"选择工具"把标志移动到图像文件中，移动图像到画面中间位置并缩小，重命名为"中间标志"，按<Alt>键拖动标志，复制一个标志，移动到画面的右侧，重命名为"右侧标志"，效果如图6-31所示。

项目6　产品包装设计

图6-29　导入素材

图6-30　添加条纹效果

图6-31　添加标志

6 选择"横排文字工具"，输入文字"9折"，字体属性设置如图6-32所示，然后添加图层样式，详细参数设定如图6-33、图6-34所示，字体效果如图6-35所示。

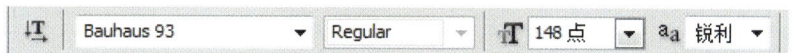
图6-32　字体属性

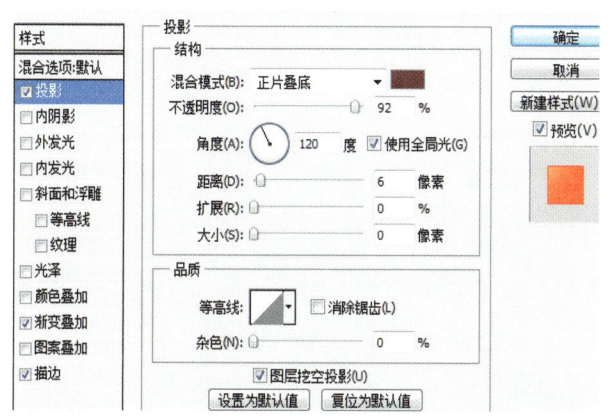

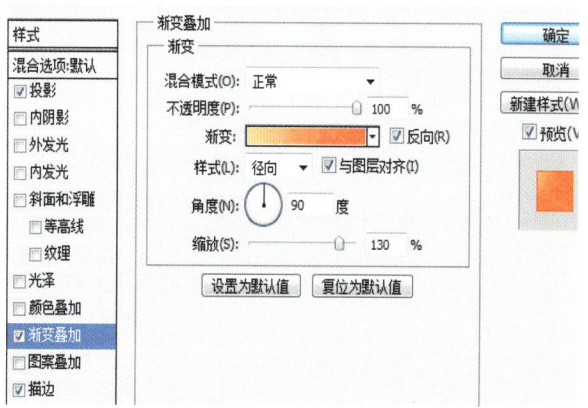

图6-33　投影设置　　　　　　　　　　　　　图6-34　渐变叠加设置

7 选择"直排文字工具"，输入广告文字内容，如图6-36和图6-37所示。

8 最后在中间标志上方绘制打孔图形。至此，平面图部分制作完成，如图6-38所示。

图6-35　字体效果　　　　　　　　　　　　　图6-36　文字内容

图6-37　直排文字效果图　　　　　　　　　　图6-38　完成图

⑨ 执行"文件"→"新建"命令,打开"新建"对话框,设置文件"名称"为"任务2比萨购物袋",设置"宽度"为29.7厘米,"高度"为21厘米,"分辨率"为300像素/英寸,"颜色模式"为RGB颜色,单击"确定"按钮,创建一个新的图像文件,导入本书配套资源中的"素材\项目6\任务2\背景.jpg"文件,如图6-39所示。

⑩ 把完成的平面图导入"任务2比萨购物袋"图像中,建立图层文件夹并命名为"平面图",如图6-40和图6-41所示。

图6-39　导入背景

图6-40　导入平面图

图6-41　建立图层文件夹

⑪ 建立一个图层文件夹并命名为"立体图",选择"矩形选框工具" ,选择平面图中的正面,将图形复制到"立体图"文件夹中,图层重命名为"正面",按<Ctrl+T>组合键调整图像的透视效果,按<Enter>键结束,如图6-42和图6-43所示。

⑫ 选择"矩形选框工具" ,选择平面图中的右侧部分,将图形复制到"立体图"文件夹中,图层重命名为"侧面",按<Ctrl+T>组合键调整图像的透视效果,按<Enter>键结束,按<Ctrl+M>组合键打开"曲线"对话框,调整明暗效果,选择"钢笔工具" 绘制折角边增强立体感,如图6-44所示。

图6-42　选择图像

图6-43　调整透视

图6-44　侧面效果

⑬ 选择"钢笔工具" ,在立体图下方绘制图形,如图6-45所示,按<Ctrl+Enter>组合键建立选区并填充黑色,然后进行适当的高斯模糊设置,使得边缘产生柔和效果,图层重命名为"阴影",如图6-46所示。

⑭ 制作倒影效果,分别复制正面和侧面图层,合并后进行垂直翻转,再添加图层蒙版进行半透明渐变,重命名为"倒影",效果如图6-47和图6-48所示。

项目6 产品包装设计

图6-45 填充选区

图6-46 建立阴影

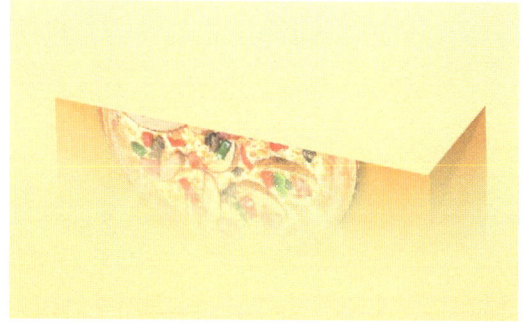

图6-47 制作倒影

图6-48 倒影效果

15 给购物袋添加绳子，然后用"钢笔工具" 绘制内折面的图形，需要注意折面的阴影变化，在明度上体现出来，最终效果如图6-49所示。

图6-49 最终效果

知识技巧点拨

1）一般阴影的制作方法都是用"钢笔工具"制作阴影部分的路径，按<Ctrl+Enter>组合键将路径转换为选区，然后羽化选区，最后再填充颜色。

2）倒影的制作方法常采用复制图像倒影的立面，进行垂直翻转，翻转之后添加图层蒙版进行线性透明，这样做的效果比较自然真实。

3）立体图的制作一定要注意光线、阴影、倒影之间的细节，注意每个转折面的明度变化，可通过曲线等工具进行快捷的明度调节以达到理想效果。

任务3 话梅包装盒设计

任务描述

本任务将要制作产品包装设计中经常见到的食品包装——话梅包装盒设计。包装是商品的附属品,是实现商品价值和使用价值的一个重要手段。包装的基本职能是保护商品和促进商品销售,一件好的包装设计作品一定要让人看起来感到舒服,有一种赏心悦目的感觉。

任务分析

话梅包装盒效果如图6-50所示,主要使用选框工具、滤镜、渐变等命令制作出话梅包装盒,突出产品的吸引力。包装的设计要有档次,给人以高档的感觉,并用鲜艳的色彩对比来增加视觉冲击力。

图6-50 话梅包装盒效果图

任务实施

❶ 启动Photoshop,执行"文件"→"新建"命令,如图6-51所示,名称输入"话梅包装盒设计",宽度、高度均设置为500像素,分辨率为72像素/英寸,颜色模式为RGB颜色,背景内容为白色。

❷ 新建"图层1",选择工具栏中的"矩形选框工具" ,创建一个矩形选区,单击工具栏中的"渐变工具" ,选择前景色为"#013a55",背景色为"#005f82",由上至下在选区中拉出渐变效果,如图6-52所示。

3 在"图层1"中按<Ctrl+D>组合键取消选区。新建"图层2",选择工具栏中的"矩形选框工具" ,创建一个矩形选区,单击工具栏中的"渐变工具" ,由左至右在选区中拉出一个由透明到黑色的渐变效果,如图6-53所示。

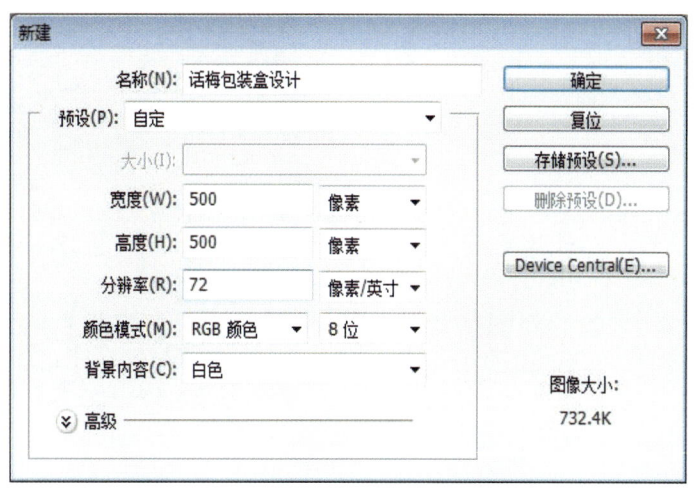

图6-51 新建文件

图6-52 填充渐变色

图6-53 填充黑色到透明渐变

4 新建"图层2",选择工具栏中的"矩形选框工具" ,创建一个矩形选区,单击工具栏中的"渐变工具" ,选择前景色为"#013a55",背景色为"#005f82",选择渐变方式为"对称渐变",由上至下在选区中拉出一个渐变效果,如图6-54所示。

5 新建"图层3",用白色画笔绘制不规则线段,如图6-55所示。

图6-54 渐变效果

图6-55 添加不规则线段

6 选中"图层4",执行"滤镜"→"扭曲"→"水波"命令,设置参数数量为52,起伏为8、样式为"水池波纹",如图6-56所示。

7 设置图层混合模式为"叠加",不透明度为35%,如图6-57所示。

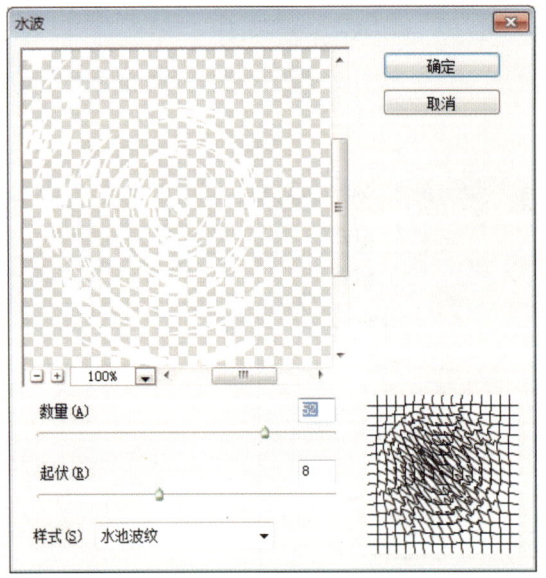

图6-56 水波参数设置　　　　　　　　　图6-57 水波效果

8 新建"图层4",打开本书配套资源中的"素材\项目6\任务3\话梅.psd"文件,在图层面板中选择"图层4"并单击鼠标右键,在弹出的快捷菜单中选择"栅格化图层",选择工具栏中的"魔棒工具" ,选择话梅素材白色背景,然后按<Delete>键删除,把删除背景后的话梅素材图片按<Ctrl+T>组合键缩放大小,移动到水波中间,如图6-58所示。

9 复制"话梅"图层为"话梅副本"图层,选中"话梅副本"图层,执行"编辑"→"变换"→"垂直反转"命令,按<Ctrl+T>组合键缩放大小和移动位置作为倒影,如图6-59所示。

图6-58 添加话梅素材　　　　　　　　　图6-59 给话梅添加倒影

10 将"话梅"图层和"话梅副本"图层合并为一个图层,复制此图层,按<Ctrl+T>组合键调整大小,移动到左边位置,如图6-60所示。

11 选择工具栏中的"文字工具",输入产品名称为"Waxberry",产品宣传语为"You deserve",质量保证宣传语为"Safe food, rest assured",新建图层重复步骤**3**、步骤**4**做出包装盒右侧和底侧,拖入本书配套资源中的"素材\项目6\任务3\条形码.jpg"文件,按<Ctrl+T>组合键调整大小,移动至左下位置,最终包装盒平面图如图6-61所示。

12 平面包装图经过制作后,可形成立体话梅盒包装。话梅盒包装设计立体效果如图6-62所示。

项目6 产品包装设计

图6-60 移动素材到左边效果

图6-61 平面图效果

图6-62 立体图效果

知识技巧点拨

1）在步骤 3、步骤 4 中制作包装盒侧面和顶部的渐变手法不一样，是为了更加突出设计者在应用过程中的使用性能和立体效果。

2）可在步骤 5 中尝试更多的不同线段，用以改变水波的形状和大小。

任务4 柔美丝产品包装盒设计

任务描述

在设计包装盒前，大致的设计制作流程为：客户需求分析→客户企业文化特征分析→同行产品与客户产品的差异分析→根基产品形状构思产品包装的结构→在纸上大致绘制包装结构草图，并进行裁切和折叠，查看效果→修改并确定包装设计方案→在计算机中对构思进行制作→完成包装设计制作，并加上出血线和绘制刀模线。

由于目前对包装盒设计的要求越来越高，本身包装盒也是产品标识宣传的重要组成部分，对颜色的稳定性要求比较高，加之包装盒本身材质的多样性，在制作过程中可能会遇到专色要求，这与制作CMYK不同，需注意的地方比较多。

本设计遵循简约、绿色、环保的设计理念，采用环保纸张和专色设计，简化工艺以节省资源，体现绿色、环保的可持续发展观念。

任务分析

化妆品包装盒如图6-63所示。化妆品属于日常生活用品，而且也是消耗品，在整个设计上不需要太复杂，因为消费者需要快速从包装盒中取出产品使用，设计的版面过于复杂，会给阅读带来不必要的麻烦，包装盒上要有明确的标识，让消费者快速辨认出本产品。

图6-63　化妆品包装盒效果图

任务实施

1 启动Illustrator，执行"文件"→"新建"命令，打开"新建"对话框，如图6-64所示，设置文件"名称"为"柔美丝产品包装"，先在A4大小的幅面上绘制出包装结构。设置"宽度"为29.7cm，"高度"为21cm，"颜色模式"为CMYK，单击"确定"按钮，创建一个新的图形文件。

2 按<M>键，在空白处单击鼠标，在弹出的"矩形"对话框中，设置矩形的"宽度"为9cm，"高度"为12cm，如图6-65所示。

3 继续使用"矩形工具"，单击空白部分设置包装上的折叠部分，如图6-66所示。

4 将绘制的小矩形放在前面绘制的大矩形上面，将两个矩形都选中，按<Shift+F7>组合键调出对齐面板，设置两个矩形对象水平左对齐，如图6-67所示。

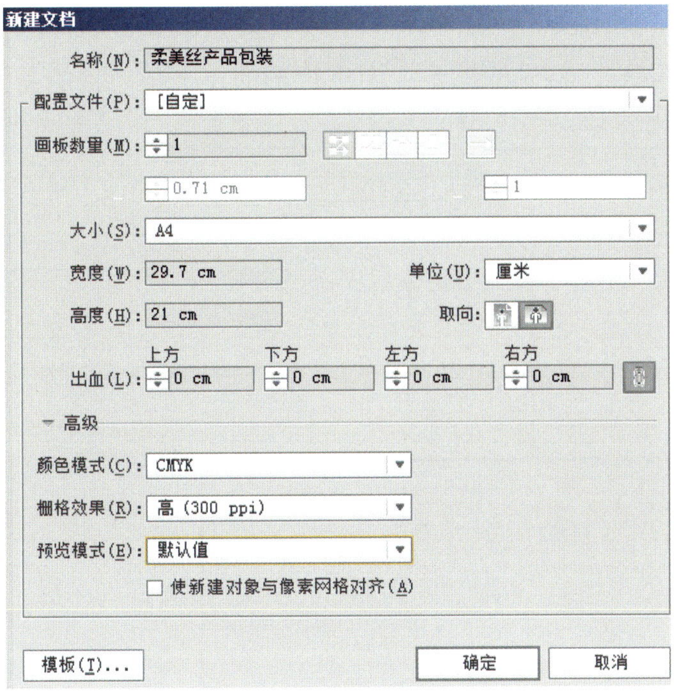

项目6 产品包装设计

图6-64 新建文件

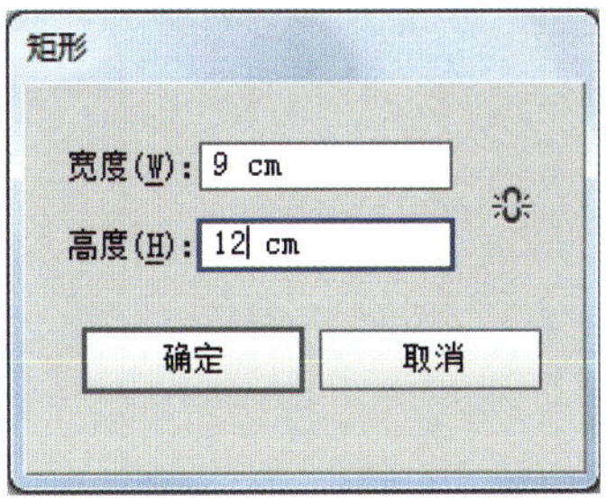

图6-65 矩形框设置

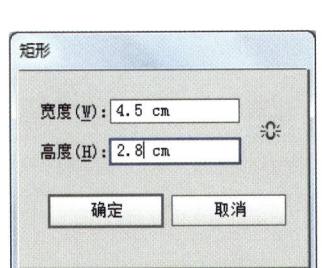

图6-66 绘制折叠部分矩形框

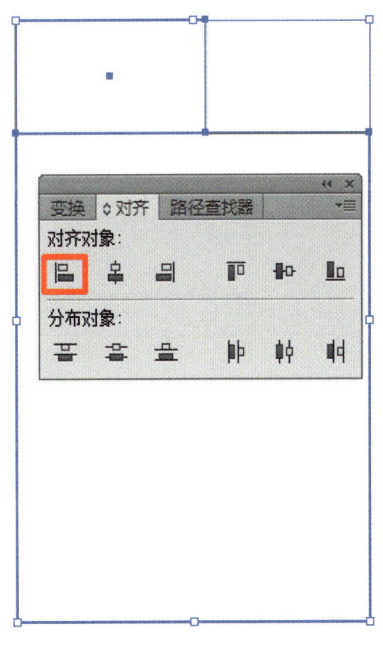

图6-67 对齐设置

5 按<Ctrl+Y>组合键,执行"视图"→"轮廓"命令,进入轮廓观察模式,放大两个矩形的交界处,在600%以上的放大倍率下保证两个矩形交界处重叠,如图6-68所示。

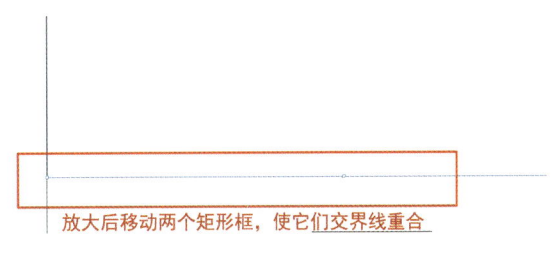

图6-68 在轮廓模式下放大重叠交界处

119

6 再次按<Ctrl+Y>组合键，进入正常视图模式，按<Ctrl+R>组合键调出文件的标尺，在横向标尺和竖向标尺交汇处按住鼠标左键不放，将光标拖至上面小矩形的左上角，目的是设置此处为坐标原点，如图6-69和图6-70所示。

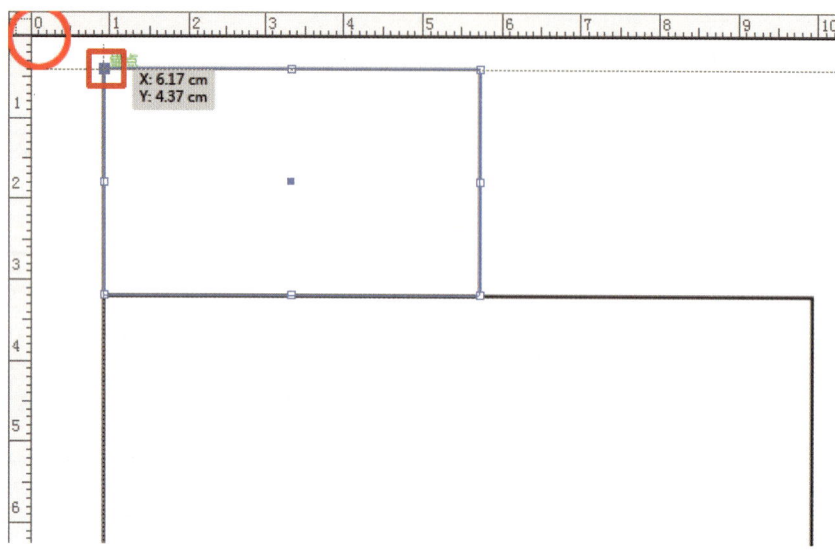

图6-69　拖动光标至小矩形的左上角（红色方框标识处）

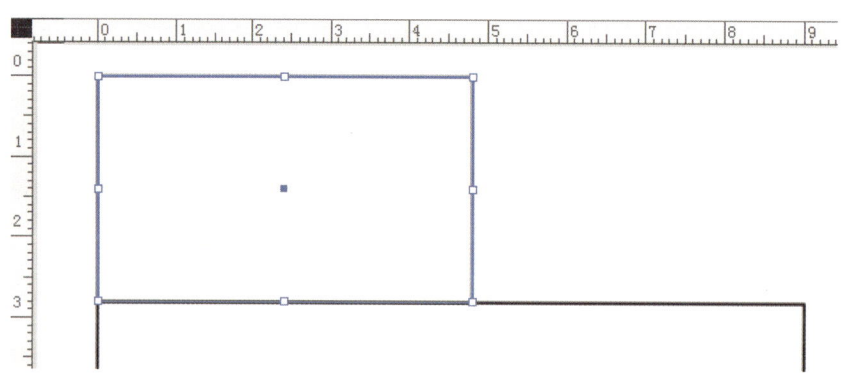

图6-70　设置坐标原点后的标尺显示效果

7 从横向标尺上按住鼠标左键并拖动，在纵坐标数值为20mm处建立一个横向辅助线，用同样的方法在竖向标尺上拖动至横坐标为8mm处建立一个纵向辅助线。如果标尺单位不是毫米，可以单击鼠标右键，在弹出的快捷菜单中更改单位度量，如图6-71所示。

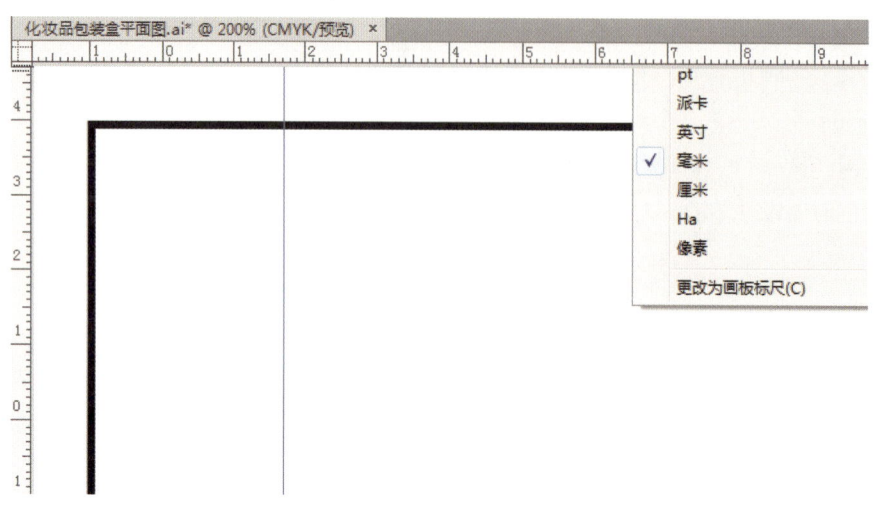

图6-71　设置辅助线

项目6 产品包装设计

8 将上边的小矩形选中,按<+>键,使用"钢笔工具"组中的"添加锚点工具"在辅助线与其交界的上方和左方各添加一个节点,按<->键,使用钢笔工具组中的"删除锚点工具"删除最左上方的节点,新添加的两个节点会自动连接,结果如图6-72所示。

9 按<M>键,选择"矩形工具",同上面画矩形框的方法,继续绘制一个宽度、高度各为45mm的矩形,并将此新绘制的矩形放置于大矩形的上边,底边与大矩形上边重合,并与大矩形右边对齐,如图6-73所示。

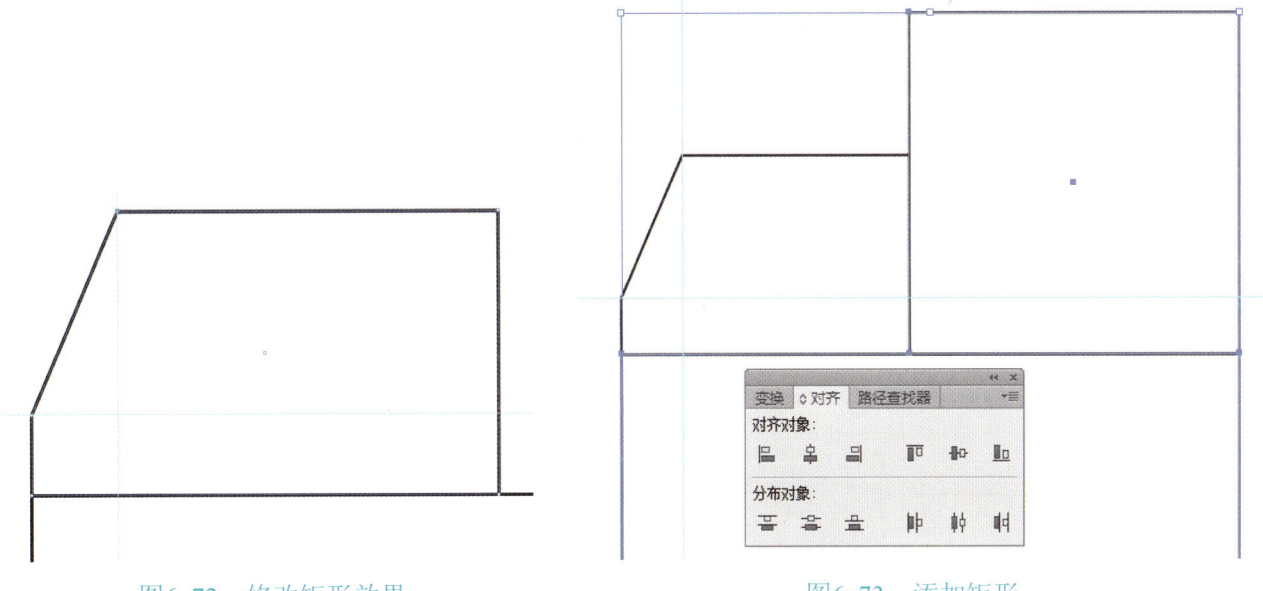

图6-72 修改矩形效果　　　　　　　　　　图6-73 添加矩形

10 按<M>键,继续使用"矩形工具",在上面的矩形上方绘制一个宽度为45mm、高度为6mm的小矩形,重置标尺坐标原点为此新建小矩形的左上角,在纵坐标数值为3mm和45mm处建立两条纵向辅助线,如图6-74所示。

11 选中新绘制的小矩形,按<+>键,按照第**8**步的方法,给辅助线与新绘制的小矩形交界的上方加上两个节点,按<->键,删除两个节点,得到如图6-75所示的结果。

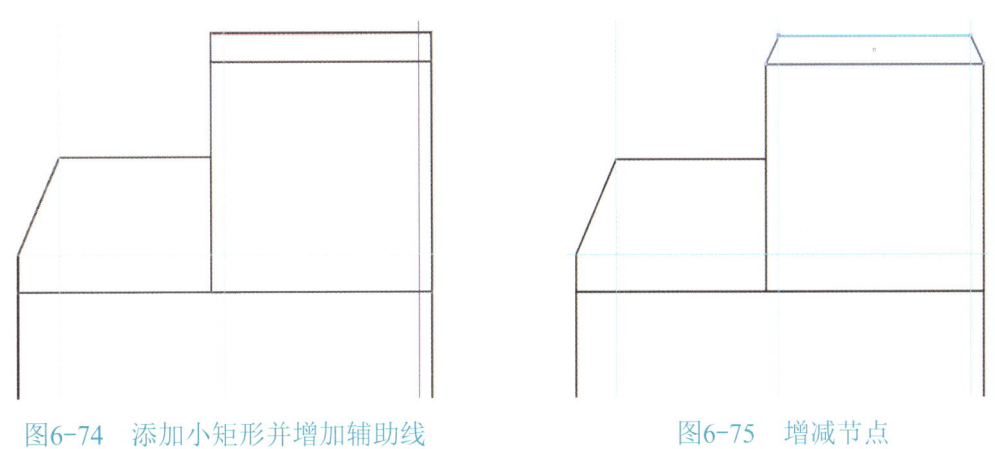

图6-74 添加小矩形并增加辅助线　　　　　图6-75 增减节点

12 执行"视图"→"参考线→"清除参考线"命令,将辅助线全部清除,如图6-76所示。

13 选中左上方对象,按<Ctrl+C>组合键复制对象,按<Ctrl+F>组合键粘贴对象在其他对象前面,如图6-77所示。

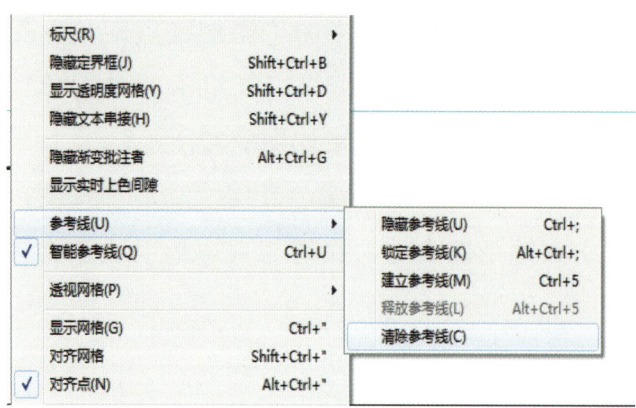

图6-76 清除参考线

图6-77 复制所选对象

⒁ 按<O>键，使用"镜像工具"，并在工具栏中双击"镜像工具"，得到如图6-78所示的对话框，在"轴"选项下选择"水平"，单击"确定"按钮完成水平镜像复制。

⒂ 拖动水平复制好的对象至左下方对齐，选择所有对象，按<Ctrl+G>组合键群组对象，然后选中群组后的对象，在工具栏中双击"镜像工具"，得到如图6-79所示的对话框，在"轴"选项下选择"垂直"，按"复制"按钮完成垂直群组对象的镜像复制。

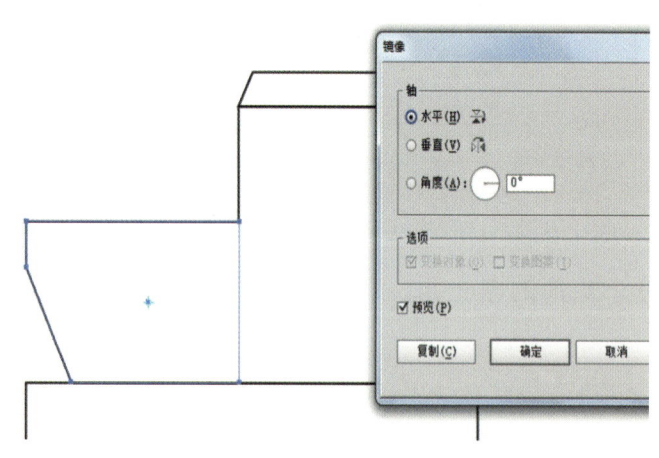

图6-78 水平镜像复制所选对象

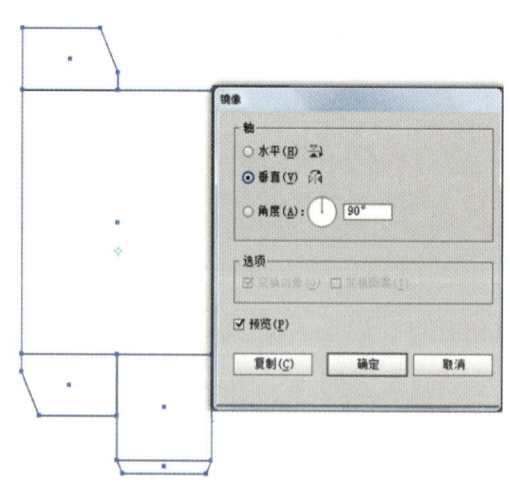

图6-79 垂直镜像复制群组对象

⒃ 拖动复制好的群组对象至对齐，结果如图6-80所示，按照第⒌步的方法将两个群组对象于原群组对象边缘重叠。

⒄ 按<M>键使用"矩形工具"，将宽度为14mm、高度为120mm的矩形置于最右端，按照前面做过的方法保证与原对象边缘重合，结果如图6-81所示。

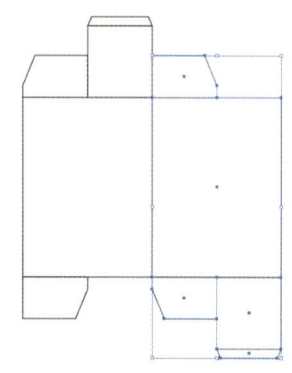

图6-80 拖动群组对象至合适位置

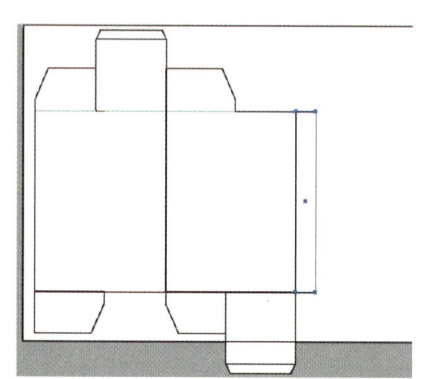

图6-81 添加小矩形并重合相交边缘

项目6 产品包装设计

18 按照前面做过的方法制作新建的小矩形的斜角,得到如图6-82所示的结果。

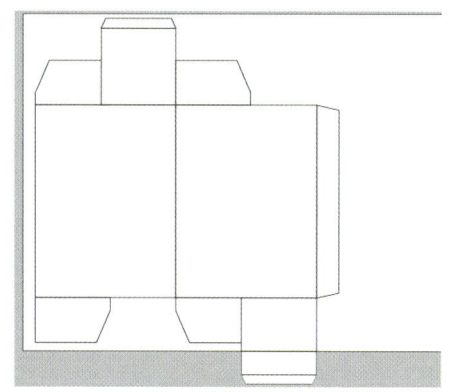

图6-82 矩形斜角制作

19 至此,包装盒的基本结构制作完毕,如果有条件可以打印出来并折叠验证,检查盒型是否正确。将所有对象都选中,按<Ctrl+C>组合键复制对象,按<F7>键调出图层面板,新建一个图层,然后按<Ctrl+V>组合键执行粘贴命令,将盒型复制在新的图层上,将"图层2"隐藏,以备后面做刀版使用,如图6-83所示。

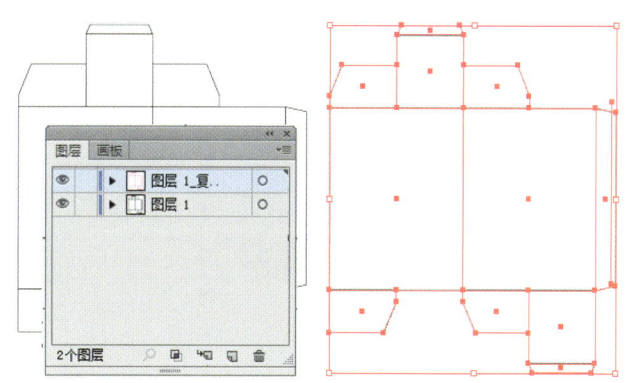

图6-83 在新建图层上复制盒型

20 利用本书前面介绍的方法,将本书配套资源中的"素材\项目6\任务4\产品装饰图案.jpg"文件置入后,用"钢笔工具" 描摹出来,放置在新的图层上,如图6-84所示。

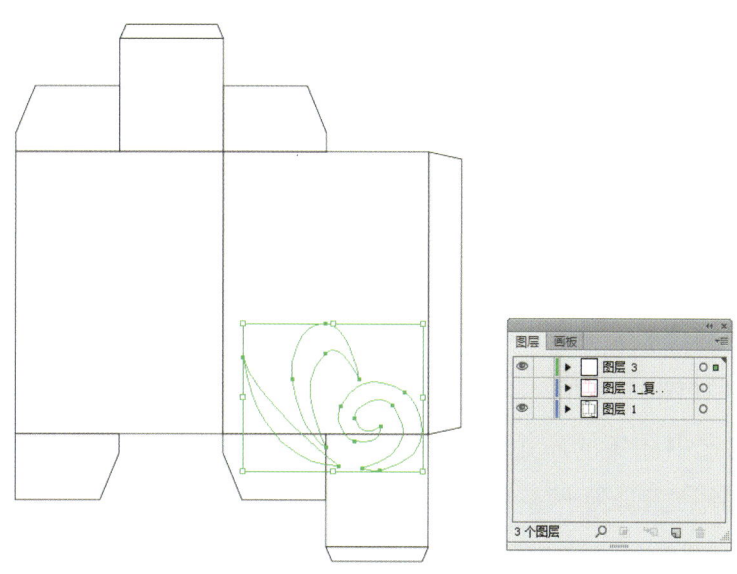

图6-84 在新图层上绘制产品装饰图案

123

21 执行"窗口"→"色板"命令,打开色板面板,本任务中的产品装饰图案和整个盒子的底色都用印金的专色填充,产品名字用烫金,其他说明文字用黑色,故在色板面板中新建自定义印金专色、烫金专色、黑色、模切压痕专色几个颜色样板,如图6-85所示。

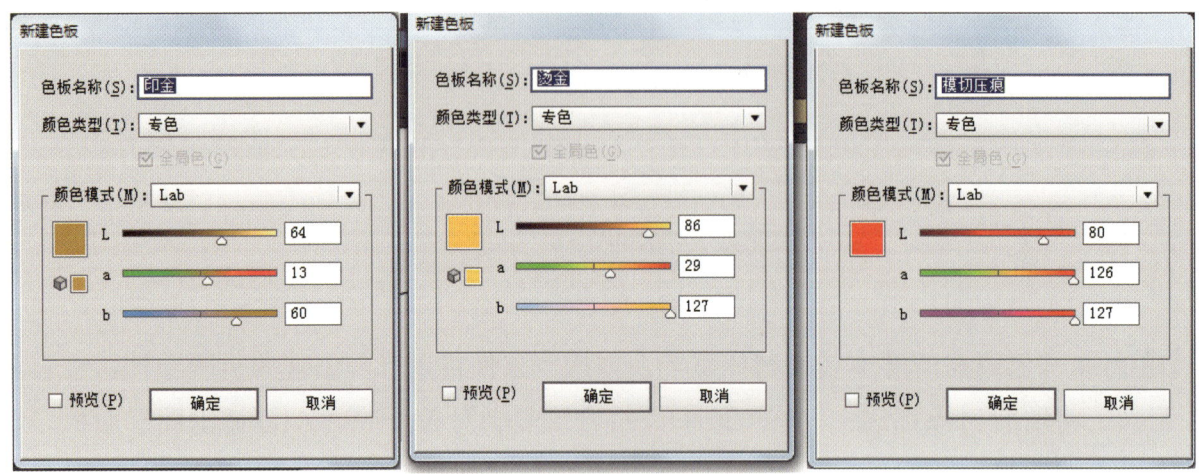

图6-85 新建专色色板

22 打开建好专色的色板面板与颜色面板,执行"窗口"→"色板"和"窗口"→"颜色"(组合键<F6>)命令,打开"颜色"和"色板"窗口,如图6-86所示。

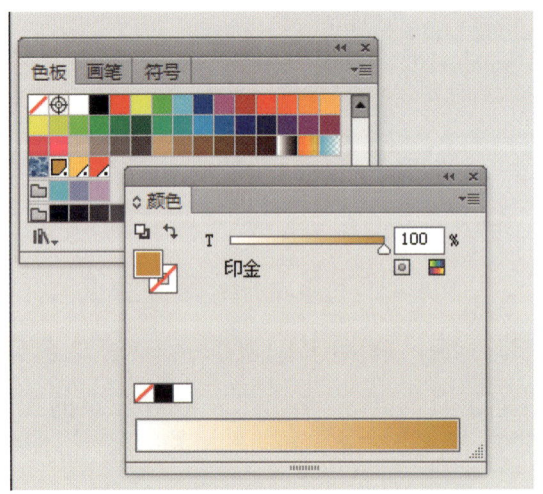

图6-86 色板面板与颜色面板

23 此包装盒总共出4种色版,包装盒底色为40%的印金,装饰图案从浓到淡分别为100%印金、75%印金、50%印金,先选择装饰图案的右边部分,在色板上选择印金,默认为100%的金色,在颜色面板上的显示效果如图6-87所示。

24 选中图案的中间部分,在色板上单击印金,默认为100%的金色,在颜色面板上调整T数值为75%,显示效果如图6-88所示。

25 用同样的方法选中图案的左边部分,在色板上单击印金,默认为100%的金色,在颜色面板上调整T数值为50%,显示如图6-89所示。

26 将着色好的3个部分的图案都选中,按<Ctrl+G>组合键建立群组,复制一份并拖动到盒子的左边,如图6-90所示。

图6-87 默认印金的颜色（100%金色）

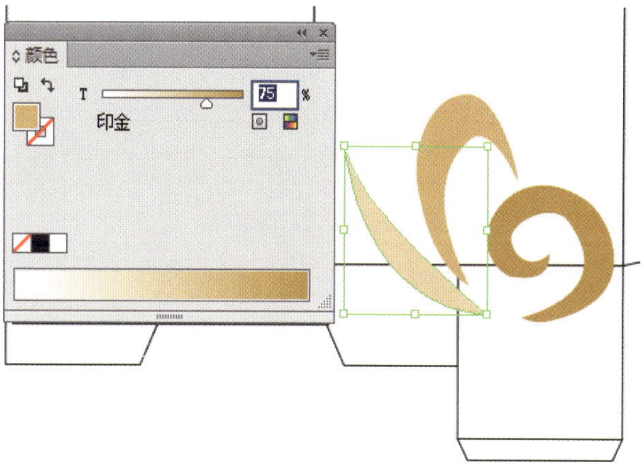

图6-88 调整T数值为75%的印金色

图6-89 调整T数值为50%的印金色

图6-90 复制装饰图案结果

27 键入"ROMANCE"等文字，字体为"Arial Rounded MT Bold"，调整合适大小，如图6-91所示，字体及文字下横线颜色设置为烫金100%。

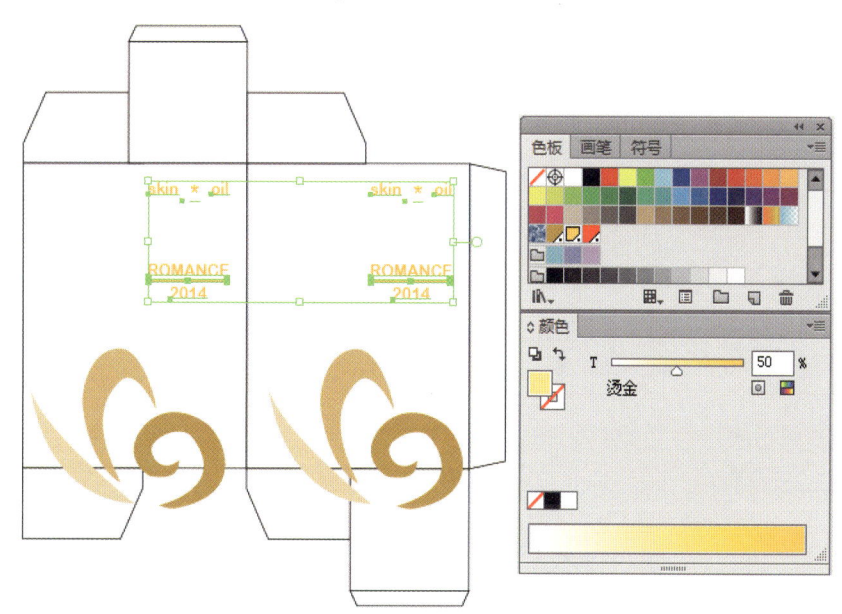

图6-91 烫金文字

28 输入其他黑色说明文字，字体为"Berlin Sans FB"，调整字体大小"10pt"，如图6-92所示，选中这些黑色文字，执行"窗口"→"属性"命令，设置黑色文字叠印，如图6-93所示。

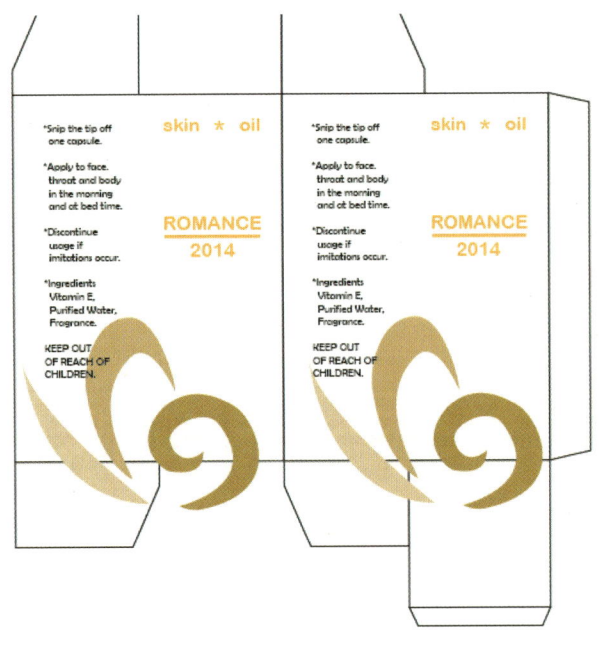

图6-92　输入黑色说明文字

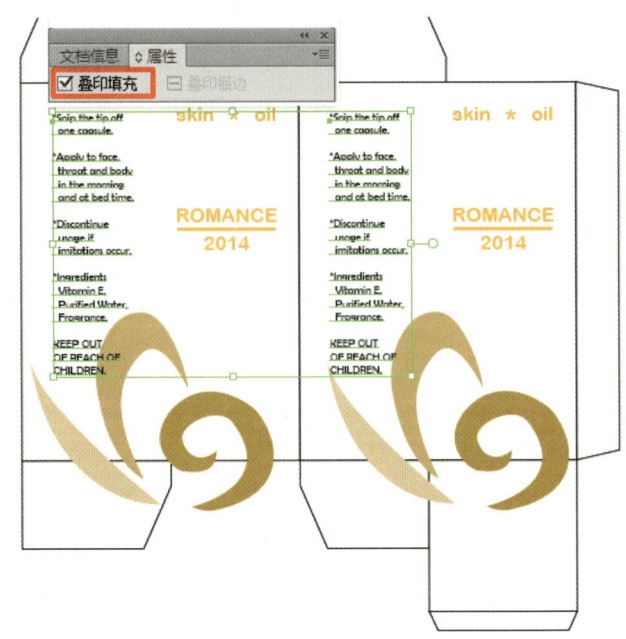

图6-93　设置黑色文字叠印

29 选择"图层3",绘制一个矩形,将盒子都包围住,设置填充颜色为40%印金,按<Ctrl+Shift+[>组合键将"图层3"中的40%的印金底色的矩形移至最底层,如图6-94所示。

30 隐藏"图层1"和"图层3",选择"图层2",绘制刀版,选中原刀版框架,执行"窗口"→"路径查找器"命令(组合键<Shift+Ctrl+F9>),调出"路径查找器"面板,单击"形状模式"下的"联集"按钮,将原框架连接,如图6-95所示。联集后的效果如图6-96所示。

31 用"直线段工具"画线,配合"描边面板"(组合键<Ctrl+F10>)的线形设置,将需要切断部分的钢刀线设为实线,在需压痕的钢线部分画出虚线,如图6-97所示。打开"色板面板"和"颜色面板",对刀版设置描边颜色为"模切压痕"专色,结果如图6-98所示。

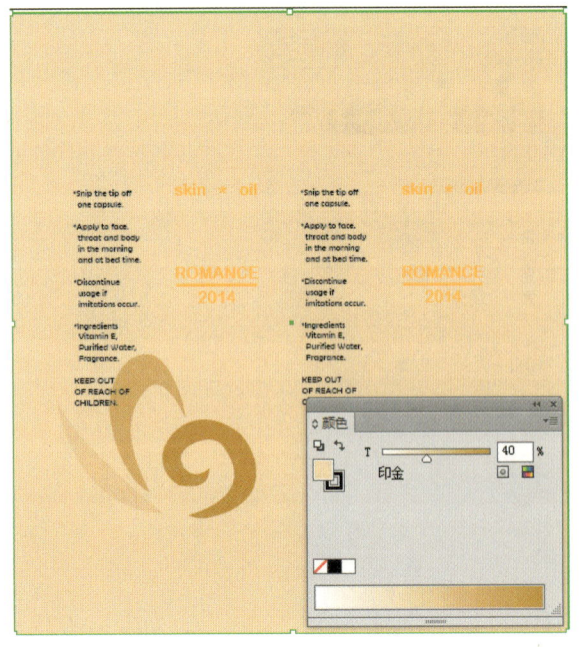

图6-94　设置盒子的底色

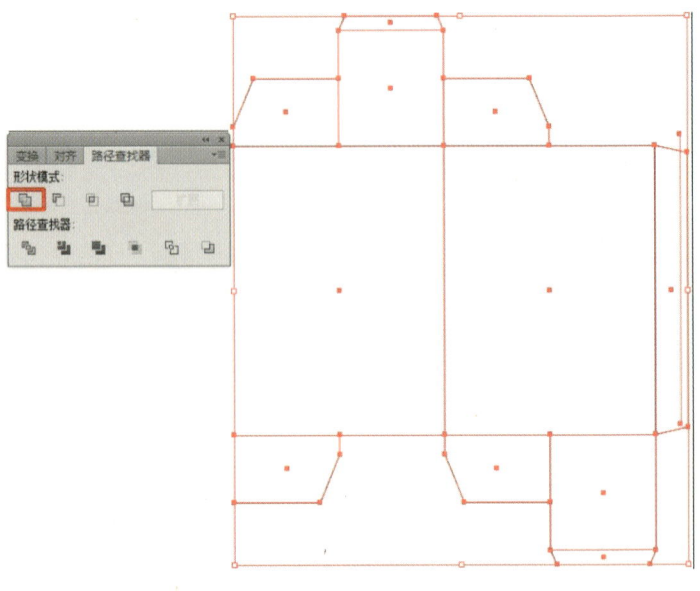

图6-95　执行"联集"命令

项目6　产品包装设计

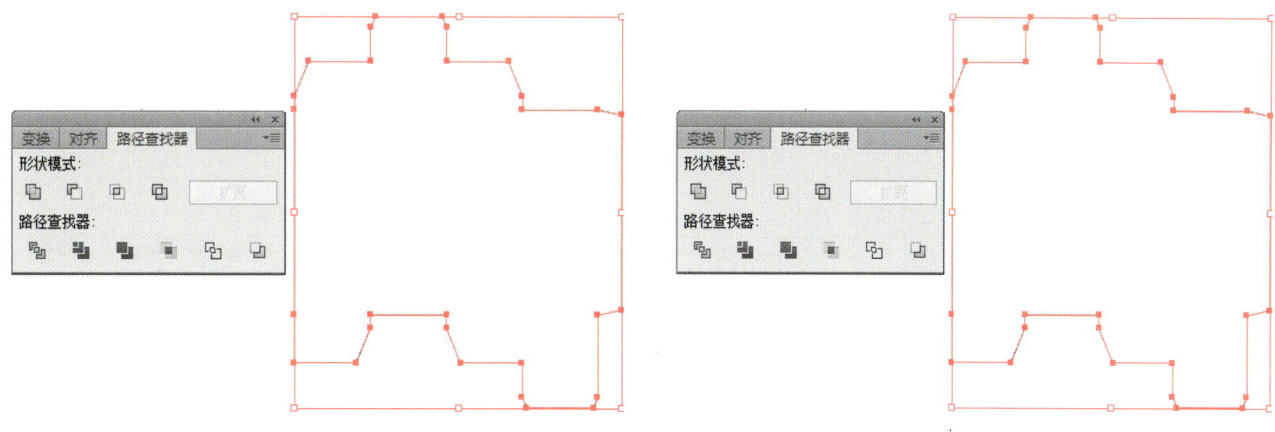

图6-96　"联集"效果图　　　　　　　　　　　图6-97　模切压痕线绘制

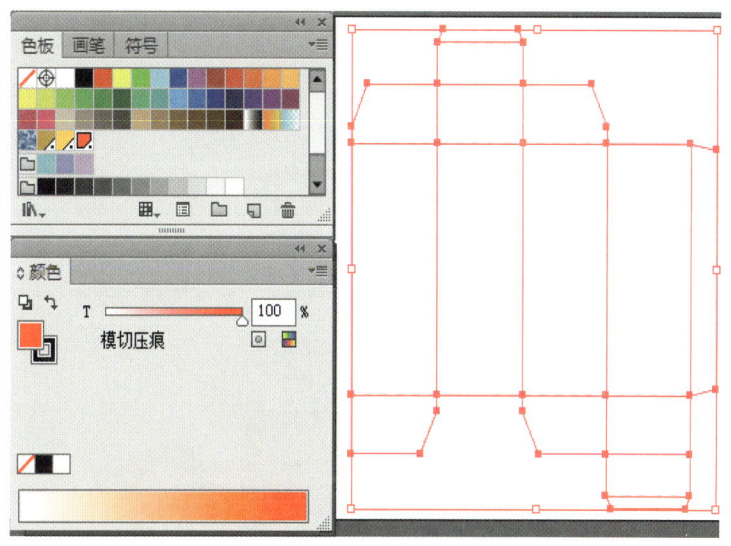

图6-98　模切压痕专色设置

32 将模切板群组后，拖动至盒子内容之上，显示"图层3"，盒子的平面展开结果如图6-99所示。注意在属性面板中，将模切板的颜色设为"叠印描边"。

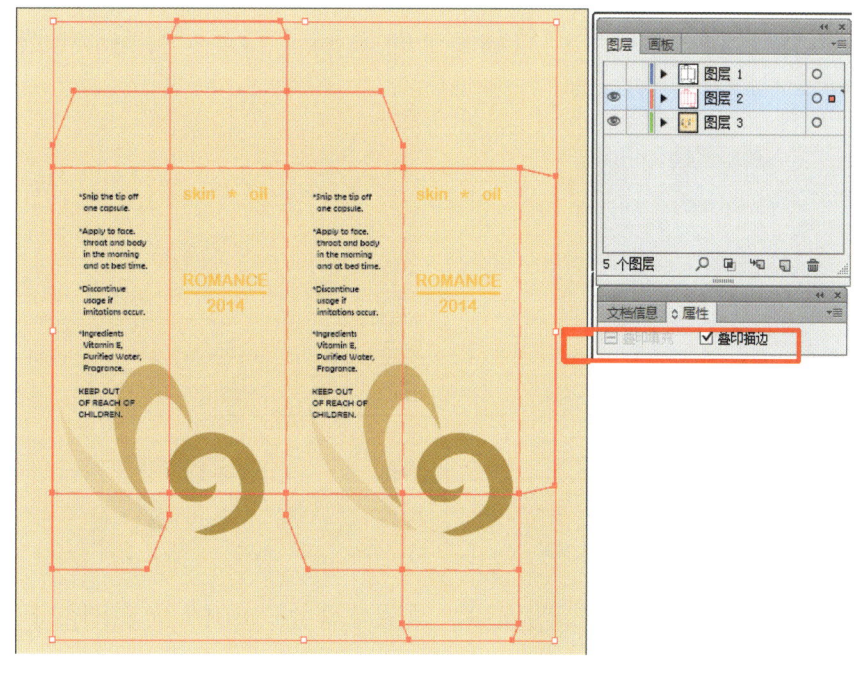

图6-99　设置"叠印描边"

33 至此盒子制作完毕，要给客户看盒子效果还需要在Photoshop中将盒子的效果图展示出来，接下来利用盒型素材配合Photoshop制作效果图。

34 启动Photoshop软件后，打开本书配套资源中的"素材\项目6\任务4\盒型效果素材.jpg"文件，如图6-100所示。

35 已有的素材包含了印金的底色，可以在这个基础上直接贴入盒子的正面内容及侧面内容的示意，即可完成，无须再导入印底色金的效果。因此，打开AI之后，将底色金所在的图层中的底色关闭，关闭40%的底色金只需在"图层3"中找到那个矩形对象，隐藏它即可，如图6-101所示，然后将AI结果执行"文件"→"导出"命令，命名为"柔美丝产品包装平面图.jpg"，导出图因为只是效果展示，分辨率设为150PPI，模式选择RGB导出即可。

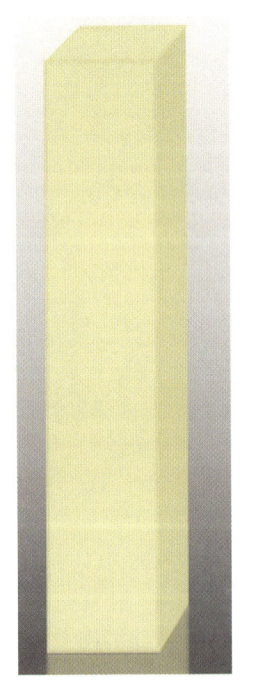

图6-100　打开盒型效果素材

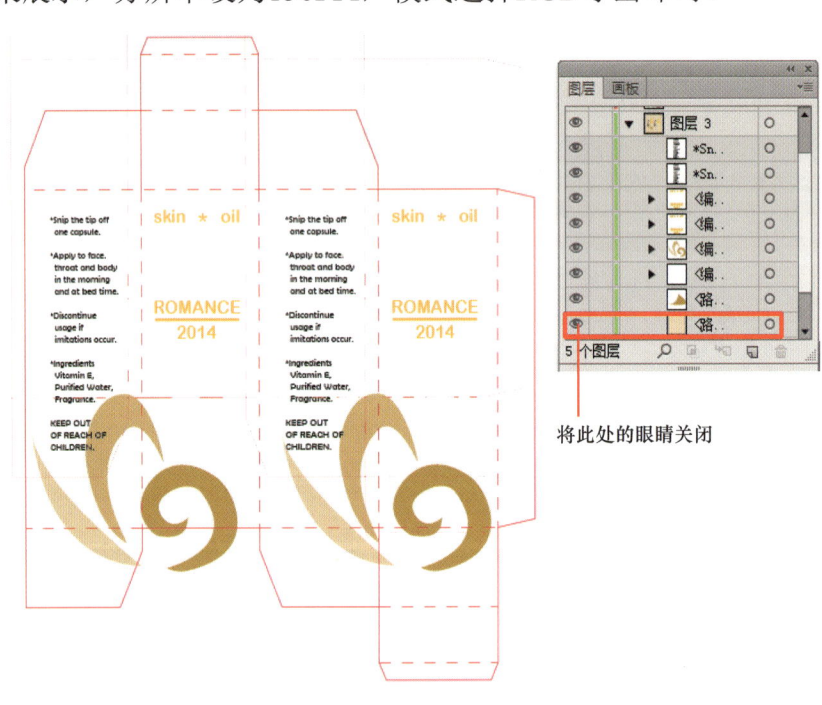

图6-101　关闭底色并导出平面展开图

36 在Photoshop中也将"柔美丝产品包装平面图.jpg"打开，用矩形框选择正面内容复制粘贴至盒型效果图上，如图6-102所示。

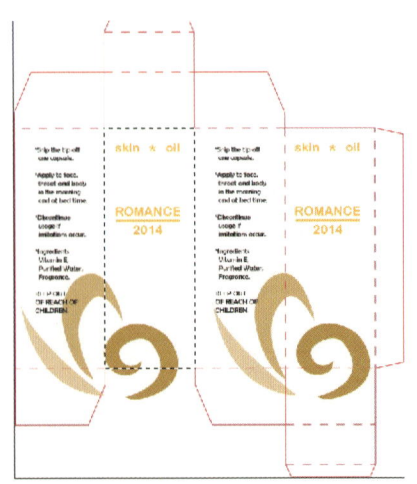

图6-102　正面贴图

37 将正面内容略作缩放至盒型效果图上,设置复制过来的图层模式为"正片叠底",结果如图6-103所示。

38 将侧面内容同样复制后,按<Ctrl+T>组合键,然后单击鼠标右键,选择"透视"变化,再选择"斜切",变换至侧面,设置复制过来的新图层模式也为"正片叠底",结果如图6-104所示。

图6-103　正面图层正片叠底

图6-104　侧面内容效果图

39 完成侧面内容贴图后,拼合图层,基本效果制作完毕。当然如果愿意将烫金效果也显示出来,则需对烫金文字进行图像特效处理,在此留给读者自己发挥练习,本文不再赘述。

任务5
儿童玩具包装盒设计

任务描述

本任务为设计并制作儿童玩具包装盒。儿童玩具的包装设计是影响儿童玩具销售的一项重要因素。对于儿童玩具生产企业而言,提高玩具的安全性与趣味性是提高玩具销售量、增加企业效益的必要条件。然而要想赢得更大的市场份额,将包装设计作为着眼点,提升包装的表现力,充分体现包装设计的价值,是十分有效的途径,同时也是现代包装设计行业发展的良好契机。本任务中的儿童玩具包装盒设计采用硬纸壳材料,这种包装既可以保护产品在运输过程中不被损坏,又可以被回收利用。

任务分析

儿童玩具包装盒效果如图6-105所示。儿童在对颜色的审美倾向上会逐渐产生性别的差异，在颜色的喜好上出现差别化。男孩会更喜爱黄、蓝两色，其次是红、绿两色；女孩则更喜爱红、黄两色，其次是橙、白、蓝三色。包装的设计要上档次，给人以高档的感觉，主题背景颜色为黄色，突出鲜艳的色彩对比效果，来增加视觉冲击力。

图6-105　儿童玩具包装盒效果图

任务实施

❶ 启动Illustrator，新建文档，大小为A4，横向，颜色模式为RGB，参数如图6-106所示。

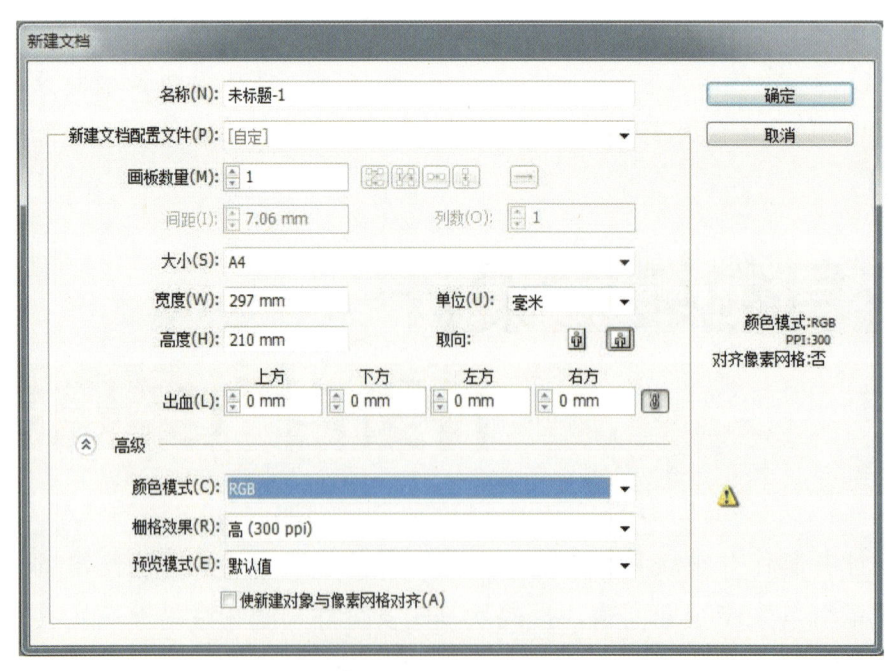

图6-106　新建文档

❷ 选择工具栏中的"矩形工具"，绘制一个和页面等大的矩形，填充黑色，描边无，按<Ctrl+2>组合键锁定对象，如图6-107所示。

3 选择工具栏中的"矩形工具" ■，绘制宽度为8.8cm，高度为2.6cm的矩形，填充颜色为#ffe200，如图6-108所示。

图6-107　绘制矩形

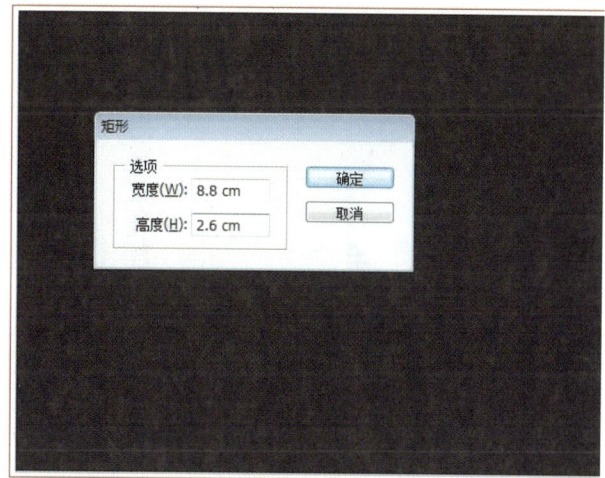

图6-108　绘制矩形尺寸

4 选择工具栏中的"矩形工具" ■，绘制宽度为8.8cm，高度为13cm的矩形，如图6-109所示。

5 选择工具栏中的"矩形工具" ■，绘制宽度为2.6cm，高度为13cm的矩形，如图6-110所示。

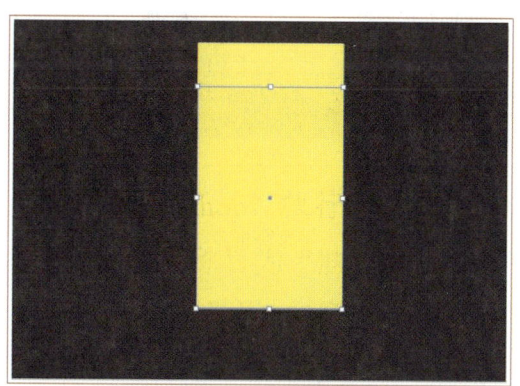

图6-109　绘制矩形

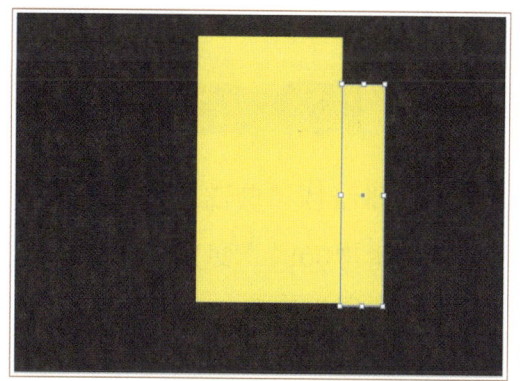

图6-110　绘制矩形

6 按方向键调整间距，完成之后将它们全选，按<Ctrl+2>组合键锁定，如图6-111所示。

7 选择工具栏中的"椭圆工具" ■，按<Shift>键绘制正圆，如图6-112所示。

图6-111　调整间距

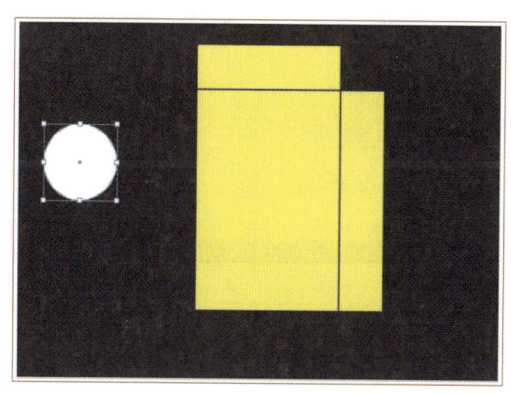

图6-112　绘制圆形

⑧ 按住<Alt>键，拖动复制几个，制作云朵形状，如图6-113所示。

⑨ 框选这几个圆，在路径查找器里选择联集，如图6-114所示。

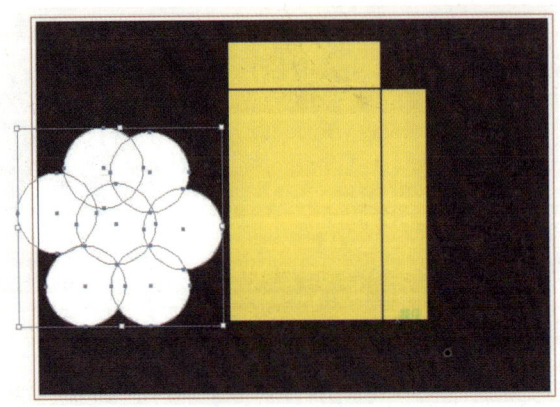
图6-113　复制圆形

图6-114　制作云朵形状

⑩ 按<Ctrl+C>组合键，再按<Ctrl+B>组合键，复制并调整云朵形状，填充灰色（#51585e）。框选这两个对象，按<Ctrl+G>组合键进行群组，缩小一些放置在合适位置，如图6-115、图6-116所示。

图6-115　复制及填充云朵

图6-116　群组

⑪ 置入本书配套资源中的"素材\项目6\任务5\玩具车.png"，文件放置在如图6-117所示的位置。

⑫ 选择工具栏中的"文字工具" T，在相应位置输入"澳优贝贝"，如图6-118所示。

⑬ 调整字体颜色，如图6-119所示。

图6-117　置入素材

图6-118　输入文字

图6-119　调整字体颜色

⑭ 选择工具栏中的"文字工具" T，在相应位置输入"aoyou"，并调整文字颜色，如图6-120、图6-121所示。

项目6 产品包装设计

图6-120 输入文字　　　　　图6-121 调整文字颜色

15 复制文字部分，分别移动至盒子上方及侧面并翻转，如图6-122、图6-123所示。

图6-122 复制翻转文字1　　　图6-123 复制翻转文字2

16 选择工具栏中的"椭圆工具"，在页面单击，弹出"圆角矩形"对话框，参数如图6-124所示。多复制几个，填充颜色依次为#8CDAF2、#C223E8、#FFB600、#F99393、#AAF44A、#916060、#0080FF、#EA0606，如图6-125所示。

图6-124 绘制圆角矩形　　　图6-125 复制圆角矩形

17 选择工具栏中的"文字工具"，在圆角矩形内输入文字，颜色为白色，如图6-126所示。

图6-126　输入文字

18 选择工具栏中的"矩形工具" ，绘制一个矩形，填充随意颜色，按住<Shift>键，选中需要处理的云朵图层，单击鼠标右键创建剪切蒙版，如图6-127～图6-129所示。

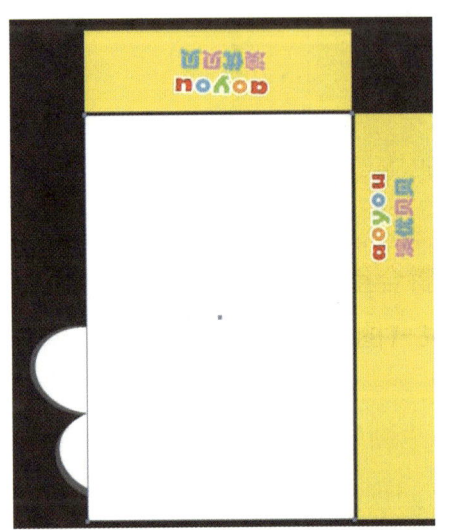 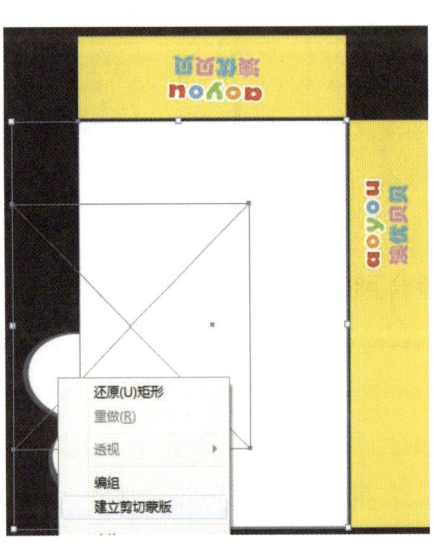 

图6-127　绘制矩形　　　　　图6-128　创建剪切蒙版　　　　　图6-129　剪切蒙版效果

19 框选全部对象，然后按住<Alt>键复制一个，如图6-130所示。

图6-130　复制平面效果图

20 选择步骤**19**的矩形,执行"效果"→"扭曲和变换"→"自由扭曲"命令,进行透视调整,如图6-131~图6-134所示。

图6-131 选择自由扭曲

图6-132 对顶部执行扭曲

图6-133 对侧面执行扭曲

图6-134 扭曲效果

21 单击窗口里的外观,继续调整至满意为止,如图6-135、图6-136所示。

图6-135 继续执行扭曲

图6-136 扭曲效果

22 最终效果如图6-137所示。

图6-137　最终效果图

知识技巧点拨

1）使用"椭圆工具"绘制的时候，要擅用<Alt>键拖动光标复制圆形，可以多加练习直至熟练掌握。

2）执行"自由扭曲"命令对矩形进行透视调整时，可单击窗口里的外观，继续调整至满意为止。

任务拓展　茶叶包装设计

茶文化是我国的优秀传统文化之一，有着悠久的历史，选择你喜欢的茶叶品种，并为它设计一款包装。

任务描述

搜索你喜欢的茶叶图片和相关的素材，制作一款茶叶包装，以提高茶叶的品位以及它的知名度。

任务要求

在制作茶叶包装的过程中，要注意茶文化和我国传统文化之间的联系，版面要整洁美观，信息排列合理而有序、不紊乱，能突出宣传作用。

任务提示

1）在制作过程中，可以先确定好背景，通常背景采用渐变色。

2）注意图像的大小和分辨率的设置。

3）适当采用图层混合模式和字体特效，在图片的融合和信息的突出中起到合适的作用。

项目7 产品广告设计

▶ **项目描述**

产品广告设计是对产品的内容及其表现形式进行构思、预制的过程，从形式上看，创意是一种存在于人脑中的设想，如果要使其发挥作用，就必须将其表现出来，将其从头脑中的设想变为具体的作品形式，而且要把它用艺术形式恰如其分地表现出来，要求对画面中的造型要素进行合理的布局。本项目将用多个经典的产品广告设计来阐述创意设计制作的过程。

▶ **学习目标**

通过产品广告设计的项目制作学习，主要掌握几种工具在Photoshop中的综合应用，在制作过程中应用选择工具、渐变工具、画笔工具，以及图层混合模式，通过合理的排版，达到理想效果。

任务1 柠檬水广告设计

任务描述

本任务为设计一款柠檬水饮料广告。通过鲜艳的色彩对比来增加视觉冲击力，体现饮料的品位和价值。

任务分析

柠檬水产品广告效果如图7-1所示，主题背景颜色以黄色为主，黄色容易让人联想到"柠檬"，并通过适当的文字排版显示广告的主题和内容，简单而有意义。

图7-1　柠檬水产品广告效果图

任务实施

1 启动Photoshop，执行"文件"→"新建"命令，打开"新建"对话框，如图7-2所示，设置文件"名称"为"柠檬水产品广告"，设置"宽度"为210毫米，"高度"为297毫米，"分辨率"为100像素/英寸，"颜色模式"为RGB颜色，单击"确定"按钮，创建一个新的图像文件。

项目7 产品广告设计

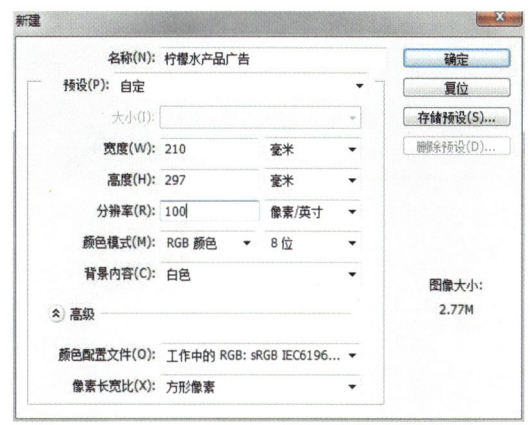

图7-2 新建文件

2 打开本书配套资源"素材\项目7\任务1"中的"01.png和02.png"两个文件,把两个图片移动到图像文件中,重命名为"01和02",效果如图7-3所示。

3 设置前景色,用"吸管工具" 吸取"02.png"中的黄色,(参考值为R:240、G:199、B:36),选择"直排文字工具" ,字体为黑体,字号为90,输入"柠檬水"。另建组1,横排、黑体、字号18,输入"夏·日·酷·饮·专·享";横排、黑体、字号12,输入"————NEW SUMMERE————""全场8折出售,就喝得开心!",效果如图7-4所示。

图7-3 添加图片

图7-4 添加文字

4 建组2,重命名为"LOGO"。用"矩形工具" 绘制正方形,填充颜色前景色为R:240、G:199、B:36,输入文字,横排、黑体、字号24,内容为"LOGO",如图7-5所示。

5 建组3,重命名为"价格"。用"矩形工具" 绘制长方形,填充前景色为R:240、G:199、B:36,输入文字,如图7-6所示。

6 选择"矩形选框工具" 选取"01.png"的外框,打开"路径"面板,单击"从选区生成工作路径" ,命名为"路径1",如图7-7所示。

7 新建图层,命名为"描边",执行"画笔工具" →"画笔预设面板"→"选择载入方头画笔"命令,在画笔面板中的画笔笔尖中选择编号为4的方头画笔,圆度设置成50%,勾选"间距",拉大到200%。如图7-8~图7-10所示。

139

图7-5　添加LOGO

图7-6　添加组3文字

图7-7　生成路径

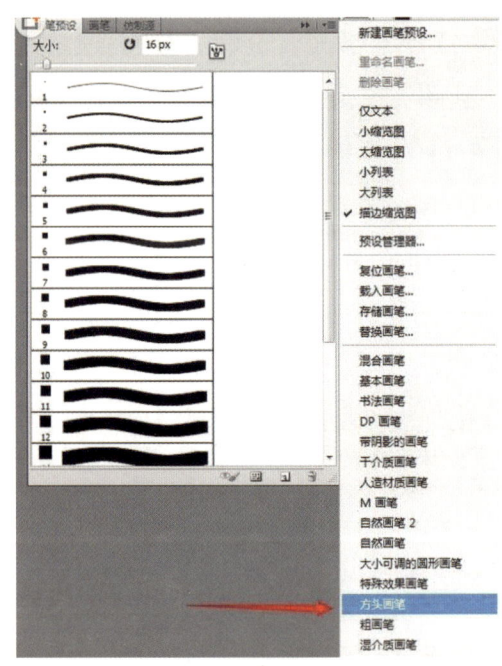
图7-8　选择方头画笔

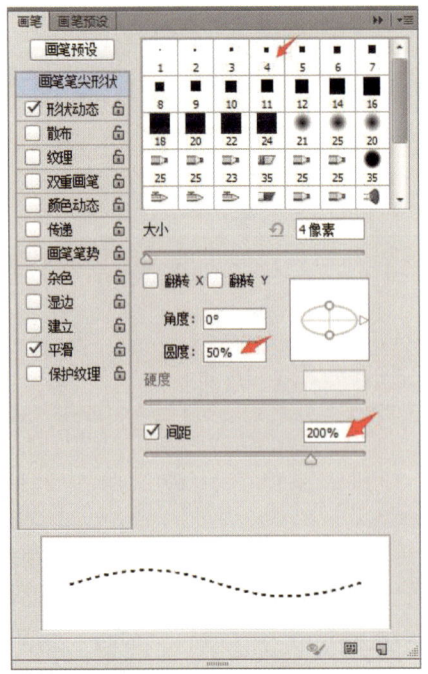
图7-9　设置笔尖形状

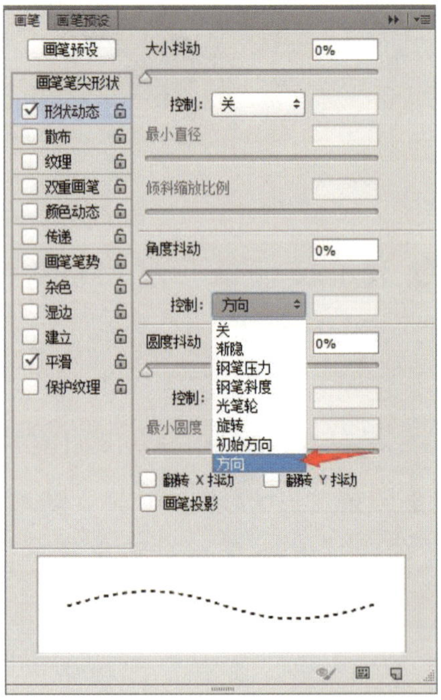

图7-10　设置画笔形状动态

项目7 产品广告设计

8 单击"描边"图层,打开"路径"面板,在"路径1"上单击鼠标右键,在弹出的快捷菜单中选择"描边路径",然后选择"画笔",单击"确定"按钮,效果如图7-11所示。

图7-11 路径描边

9 新建组命名为"柠檬片",打开本书配套资源中的"素材\项目7\任务1\03.png"文件,复制多个图层,参考样图进行排列,如图7-12所示。

10 打开本书配套资源中的"素材\项目7\任务1\04.png"文件,图层命名为"电话",输入文字"订购电话:020-8888××××",字体为"黑体",字号、位置参照效果如图7-13所示。至此,本任务制作完成。

图7-12 添加柠檬图片

图7-13 最终效果图

知识技巧点拨

1)吸管工具用于吸取图像中的颜色,吸取的颜色将显示在前景色或背景色中。选取吸管工具,在图像中需要的颜色上单击鼠标左键,即可吸取出新的前景色,按住<Alt>键的同时单击鼠标左键,可选取出新的背景色。

2)在使用画笔工具对图像进行描边时,画笔预设面板可以对描边的样式形态进行设计,可多进行尝试,以熟练掌握。

产品广告设计涉及艺术、心理、经济等知识，不仅要考虑到人们的审美心态，还要符合社会主义核心价值观的要求，传播积极正确的思想内容，从而使设计作品既具有先进的设计理念，又具有时代气息。作为新时代的学生，在设计和制作的过程中要结合社会背景和新形势进行创意构思，从而设计出具有创新性和正能量的设计作品。

任务2 化妆品广告设计

任务描述

化妆品广告是现代生活中常见的商品宣传广告，是营利性的商业广告。化妆品广告的设计要恰当地配合产品的格调和受众对象的特点，通过引人注目的视觉效果达到宣传商品目的。本任务为设计化妆品广告，产品客户定位为18～28岁的年轻女性，通过使用温柔梦幻的粉色来衬托出产品的"少女感"，适当运用一些构成元素，打破画面的沉闷感，体现一种高雅梦幻的视觉效果。

任务分析

本任务使用文字工具、选框工具、油漆桶，以及图层样式的设置，化妆品广告效果如图7-14所示。

图7-14　化妆品广告效果图

项目7　产品广告设计

任务实施

1 打开本书配套资源中的"素材\项目7\任务2\造字工房悦圆.otf"文件，安装字体"造字工房悦圆"。启动Photoshop，执行"文件"→"新建"命令，打开"新建"对话框，如图7-15所示，设置文件"名称"为"化妆品广告设计"，设置"宽度"为15厘米，"高度"为15厘米，"分辨率"为300像素/英寸，"颜色模式"为RGB颜色，单击"确定"按钮，创建一个新的图像文件。

2 新建组，命名为"背景"。打开本书配套资源中的"素材\项目7\任务2\图1.png"文件，置入"背景"组中，效果选择"叠加"，并复制一个"图1副本"图层，效果选择"正片叠底"、不透明度20%，效果如图7-16所示。

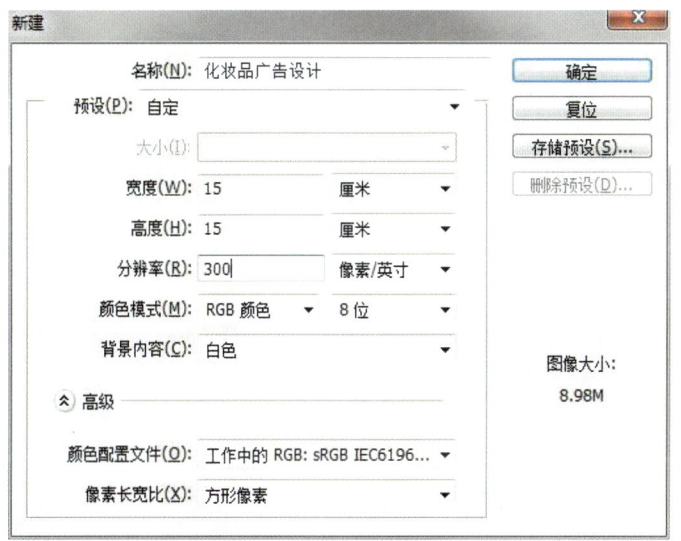

图7-15　新建文件　　　　　　　　　　　图7-16　图层叠加

3 设置前景色为R：255、G：213、B：224，设置背景色为R：223、G：64、B：94。填充背景色，用"矩形工具"绘制长方形，如图7-17、图7-18所示。

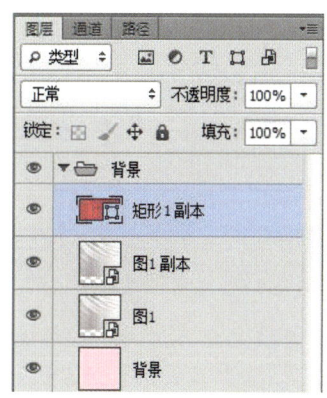

图7-17　填充颜色　　　　　　　　　　　图7-18　图层情况

4 调整图层不透明度为"10%"并复制图层"矩形1"，分别旋转两个矩形图层，如图7-19、图7-20所示。

图7-19　矩形旋转

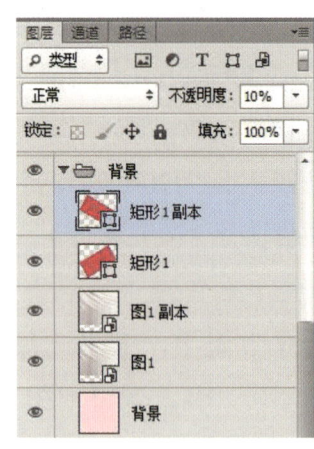
图7-20　图层情况

5 创建新组"下标题",用"矩形工具" 绘制长方形,填充颜色为R:235、G:103、B:145,选择"横排文字工具",打开本书配套资源中的"素材\项目7\任务2\文字.txt"文件,复制并居中排列,效果如图7-21所示。

图7-21　文字效果

6 打开本书配套资源中的"素材\项目7\任务2\图2.png"文件,置于画布中间位置,"图层样式"选择"外发光",发光颜色为R:193、G:59、B:93,如图7-22、图7-23所示。

图7-22　置入素材

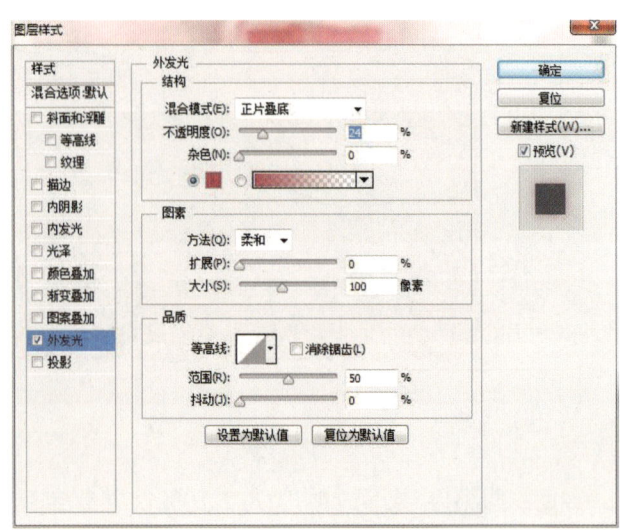
图7-23　图层样式

7 选择"横排文字工具" ,输入标题"FENSHINE 法颂",字体为"造字工房悦圆",颜色为R:118、G:319、B:64,输入副标题"- 法颂梦境系列 -",字体为"黑体",颜色为黑色,如图7-24所示。

图7-24　添加标题

8 新建图层名为"阴影",置于"香水"图层下,选择"椭圆选框工具" 绘制圆形,如图7-25所示。在打开的选项栏中选择"调整边缘" ,打开"调整边缘"对话框,设置羽化值为65,如图7-26所示。设置前景色为R:234、G:119、B:141,选择"油漆桶工具" ,填充圆形选区。

 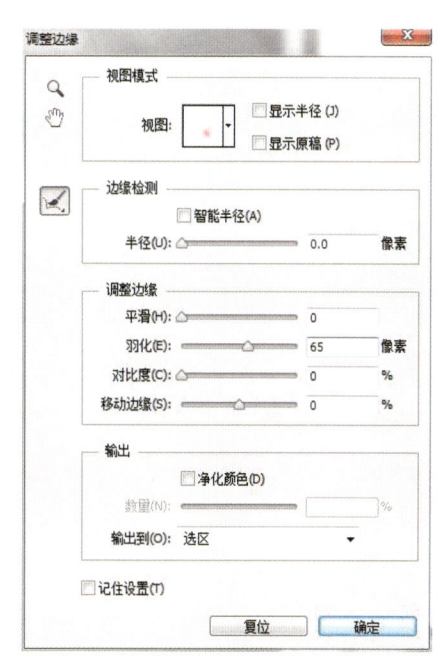

图7-25　创建转型选区　　　　　　　图7-26　调整边缘

9 打开本书配套资源中的"素材\项目7\任务2\图3.png"文件,置于画布中,如图7-27所示。至此,本任务完成。

图7-27　最终效果图

知识技巧点拨

1）用图层叠加的方式来设计出富有变化的背景图，注意背景图与前景图的过渡，适当地增加阴影，可以增强画面的立体感。

2）通常在广告的制作过程中，为了突出广告语本身某些关键词，可以将关键词放大，或采用不同字体、不同颜色等处理方法来突显效果。

任务3
美容院展架广告设计

任务描述

本任务将制作产品广告中经常见到的展架广告，它广泛用于银行、卖场等商业场所，具备时效性强、易制作、制作过程迅速的特点。它是可以通过写真喷绘而制作的广告宣传品。

展架的展开效果如图7-28所示，要注意其画面上会打4个直径约为2厘米的小洞，以便安装展示，所以文字信息内容要保证不在这4个小洞的位置附近。

项目7 产品广告设计

任务分析

美容院广告效果如图7-29所示,主题背景色调为蓝色,突出主题,色彩明快,体现人与自然和谐统一的理念,并通过适当的文字排版显示广告的主题和内容,表达信息清晰准确。

图7-28 展架示意图

图7-29 美容院广告效果图

任务实施

1 启动Photoshop,执行"文件"→"新建"命令,打开"新建"对话框,如图7-30所示,设置文件"名称"为"肤美美容院X展架广告",设置"宽度"为60厘米,"高度"为160厘米,"分辨率"为150像素/英寸,"颜色模式"为RGB颜色,单击"确定"按钮,创建一个新的图像文件。

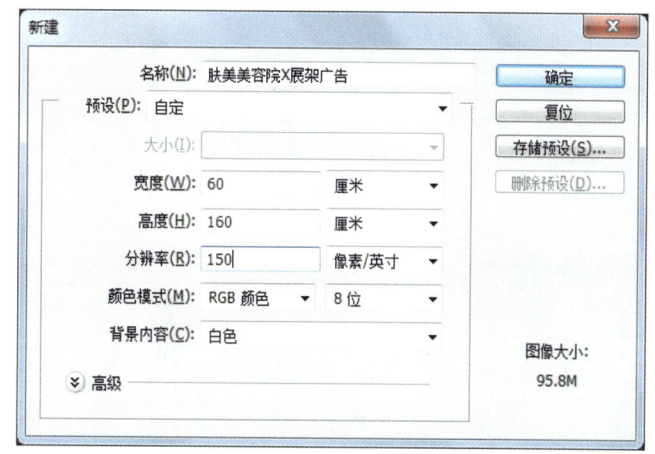

图7-30 新建文件

2 新建两个图层,将其分别命名为"天空"和"水面",打开本书配套资源中的"素材\项目7\任务3\蓝天素材.jpg",将其拖至"天空"图层中,如图7-31所示。

图7-31 加入蓝天素材

③ 用类似的方法,打开本书配套资源中的"素材\项目7\任务3\水素材.jpg"文件,并将其拖至"水面"图层上,结果如图7-32所示。

图7-32 加入水素材

4 在"天空"图层和"水面"图层分别建立图层蒙版，在这两个图层蒙版上制作由黑至白的渐变蒙版效果，如图7-33所示。

图7-33 渐变蒙版效果

5 将所制作的几个图层合并盖印处理（<按Ctrl+Shift+Alt+E>组合键），按<Ctrl+U>组合键，打开"色相/饱和度"对话框，选中"着色"选项，设置"色相"为185，"饱和度"为50，"明度"为30，如图7-34所示。

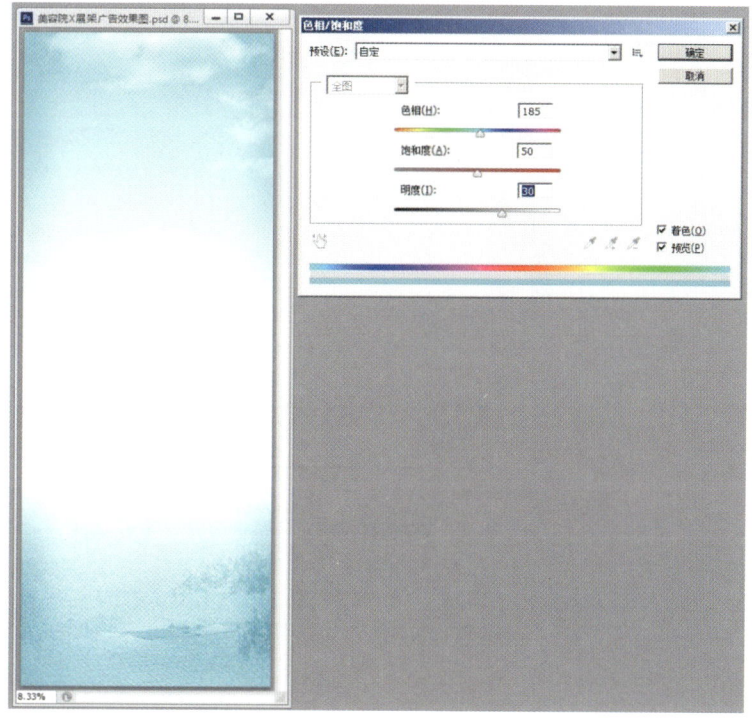

图7-34 设置底图的颜色

⑥ 在调整好的背景图上,绘制一个矩形选区框,执行"选择"→"修改"→"羽化"命令,设置选区的羽化半径为200,如图7-35所示。

图7-35 羽化选区

⑦ 按<Ctrl+Shift+I>组合键反向选择区域,按<Ctrl+M>组合键打开"曲线"对话框,调暗所选背景的周边区域,如图7-36所示。

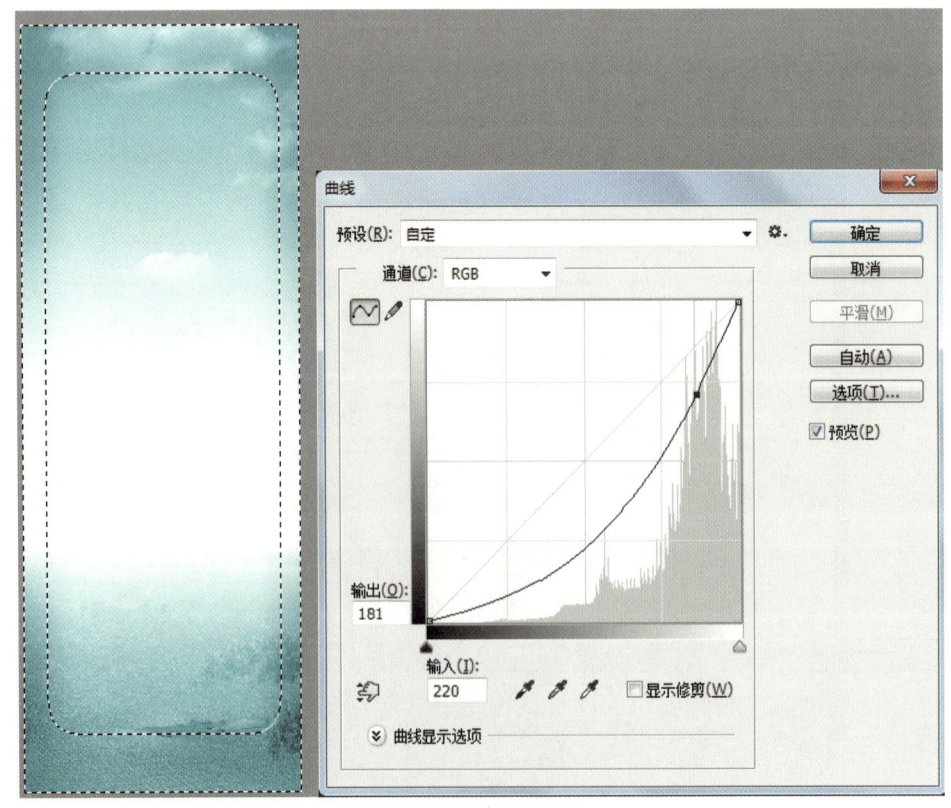

图7-36 调暗背景周围

8 上述操作完成后,按<Ctrl+D>组合键取消选区,对背景执行"滤镜→渲染→镜头光晕"命令,打开"镜头光晕"对话框,选择"电影镜头"单选按钮,亮度为150%,如图7-37所示。

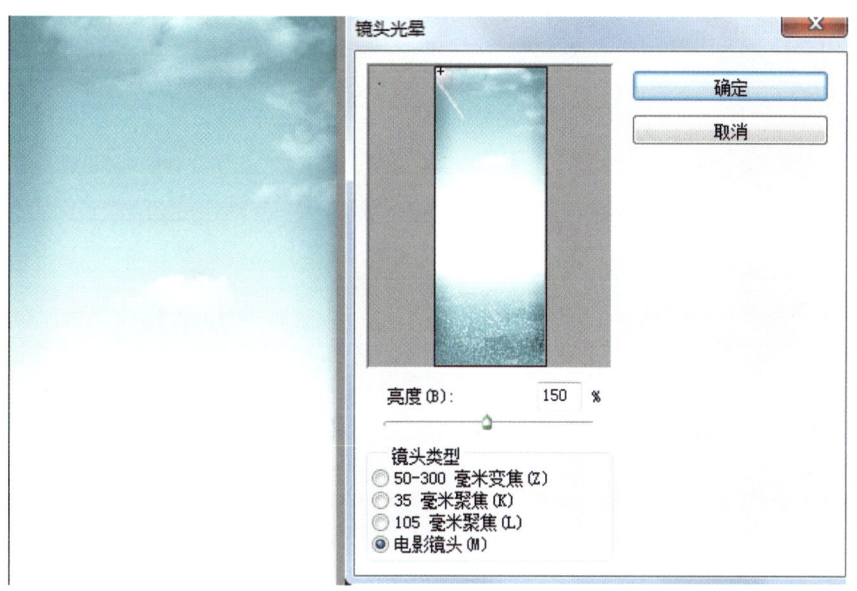

图7-37 镜头光晕效果

9 打开本书配套资源中的"素材\项目7\任务3\牡丹花素材.jpg"文件,将其拖至制作文件的左下角,如图7-38所示。使用"快速选择工具"选择花朵,执行"选择"→"调整边缘"命令,打开"调整边缘"对话框,修改牡丹花的边缘选区,如图7-39所示。

图7-38 置入花朵

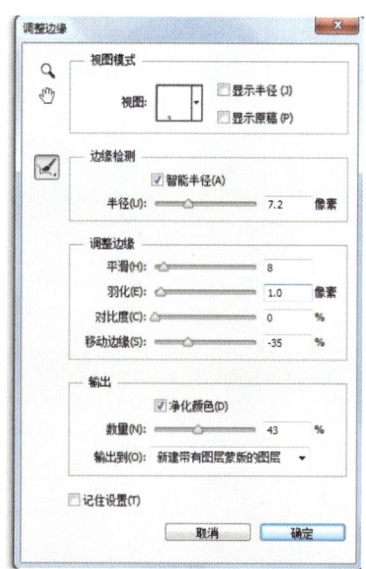

图7-39 调整边缘效果

10 打开本书配套资源中的"素材\项目7\任务3\身材剪影素材.eps"文件,拖动到文件中间位置,并选择栅格化图层,如图7-40所示。

11 对栅格化后的图层操作,按<Ctrl+U>组合键打开"色相/饱和度"对话框,勾选"着色",如图7-41所示。

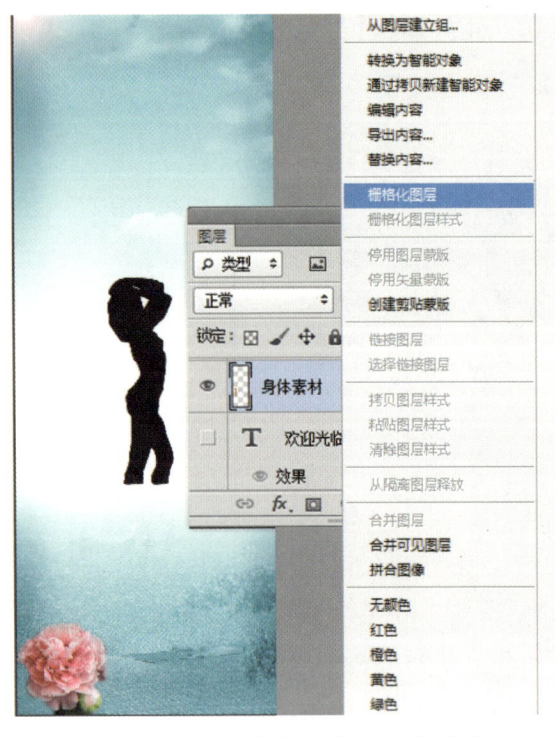

图7-40 栅格化置入的矢量素材　　　　图7-41 调整身材剪影素材的颜色

⑫ 输入文字"肤美给您专业美容护理，欢迎光临肤美美肤馆"，并对文字进行描边，效果如图7-42所示。

⑬ 输入文字"拥有鲜嫩之美 每天专业护理 天天悉心呵护"，在文字下面，用"钢笔工具" 划直线线条并用蓝色描边，将文字和直线路径执行栅格化命令后，将这两个图层合并，再旋转合并后的图层，结果如图7-43所示。

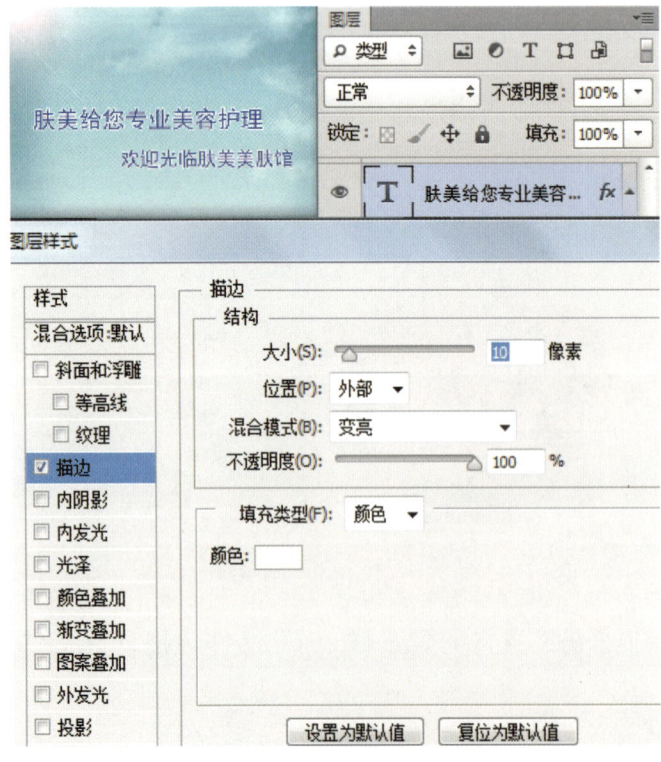

图7-42 设置文字属性　　　　图7-43 文字设置后的效果

⑭ 新建文件并命名为"光晕气泡"，参数设置如图7-44所示。

项目7 产品广告设计

图7-44 新建气泡文件

15 将文件背景填充为黑色,然后执行"滤镜"→"渲染"→"镜头光晕"命令,再执行两次此命令,参数设置和效果如图7-45所示。

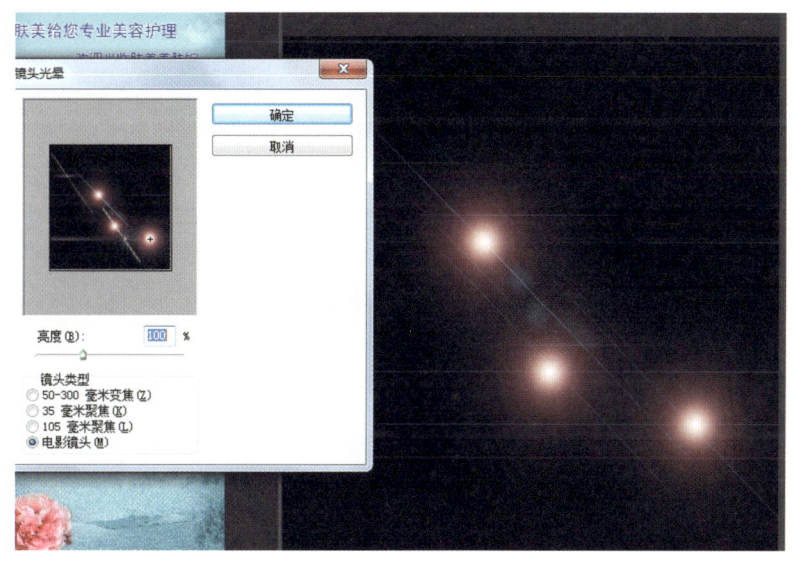

图7-45 执行3次镜头光晕滤镜的结果

16 执行"滤镜"→"扭曲"→"极坐标"命令,打开"极坐标"对话框,设置如图7-46所示。

17 用"椭圆选框工具"选择如图7-47所示的区域,并复制粘贴到X展架文件中的新图层中,将这个新图层命名为"气泡"。

图7-46 设置极坐标滤镜

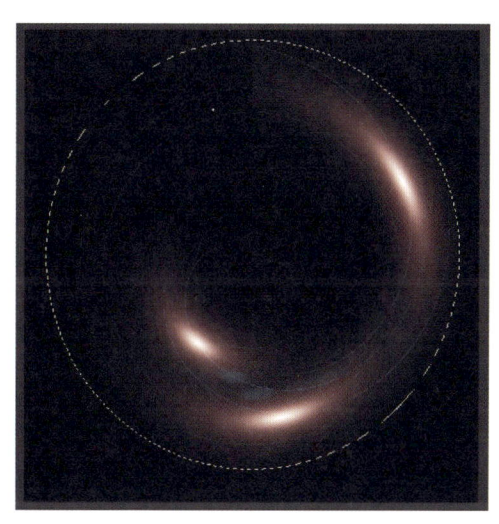

图7-47 选择一个圆形区域

153

⑱ 将"气泡"图层置于最顶层，设置图层模式为"明度"，不透明度设为16%，如图7-48所示。

⑲ 按<Ctrl+T>组合键，将"气泡"图层调整到合适位置，如图7-49所示，并对"气泡"图层样式设置为"内发光"，参数设置如图7-50所示。

图7-48 设置"气泡"图层效果

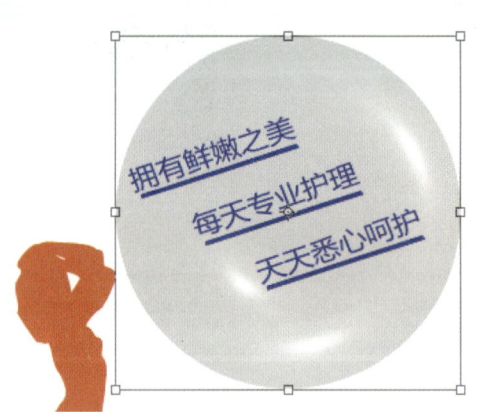

图7-49 设置气泡大小

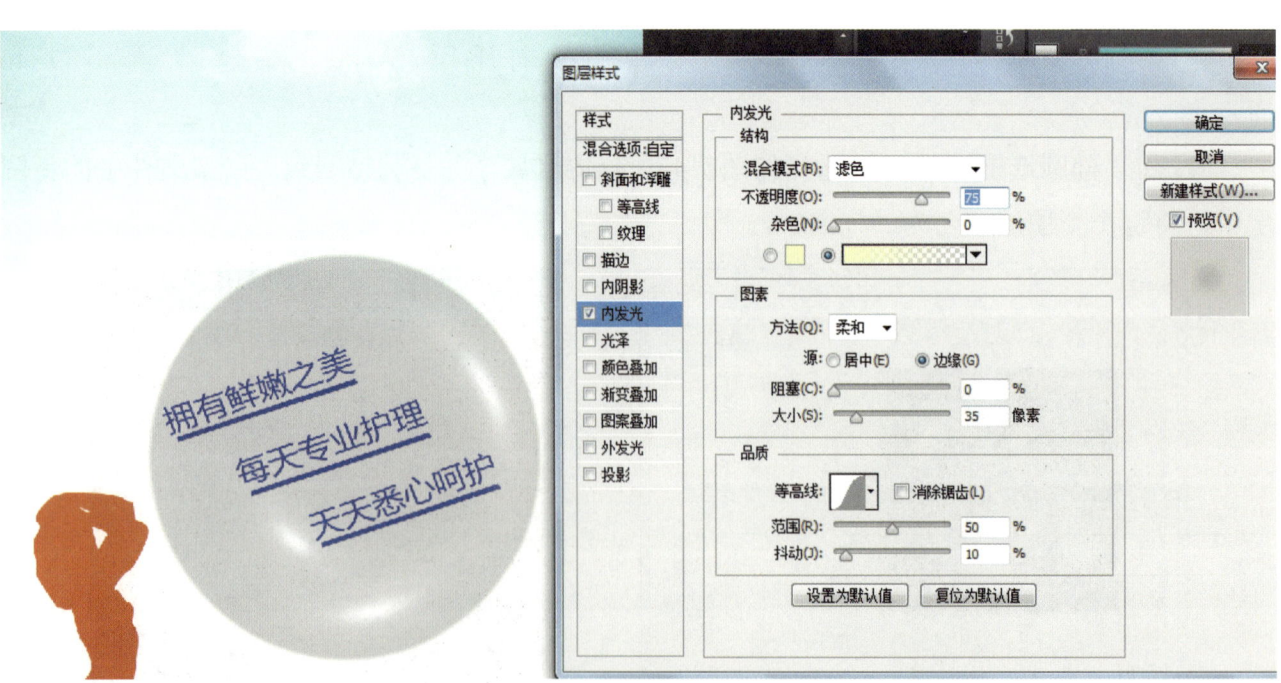

图7-50 设置气泡图层样式

⑳ 至此，本任务完成。最终效果如图7-51所示。

项目7　产品广告设计

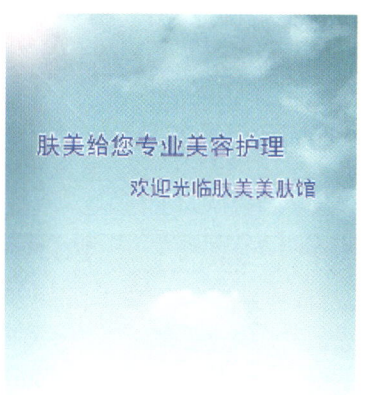

图7-51　最终效果图

知识技巧点拨

1）图层蒙版可以帮助实现图像的融合。
2）"调整边缘工具"可以帮助操作边缘的选取。
3）图层之间可通过设置不透明度或者用图层的混合模式完成叠加效果。

任务4　灯饰广告设计

任务描述

本任务需要设计灯饰广告，灯饰店有各种各样的灯饰，灯饰是人们居家生活中不可或缺的一部分，根据自己的品位和喜好选择不同的灯饰也是令人感到舒心的事情。本任务为设计灯饰广告，通过色彩的对比给人一定的视觉冲击力。

任务分析

灯饰广告效果如图7-52所示。其主题背景颜色为冷色调，突出温馨的色彩感觉，并通过适当的文字排版显示广告的主题和内容。

图7-52　灯饰广告效果图

任务实施

1 启动Photoshop，执行"文件→新建"命令，打开"新建"对话框，如图7-53所示，设置文件"名称"为"S&Y灯饰广告设计"，设置"宽度"为27厘米，"高度"为16厘米，"分辨率"为100像素/英寸，"颜色模式"为RGB颜色，单击"确定"按钮，创建一个新的图像文件。

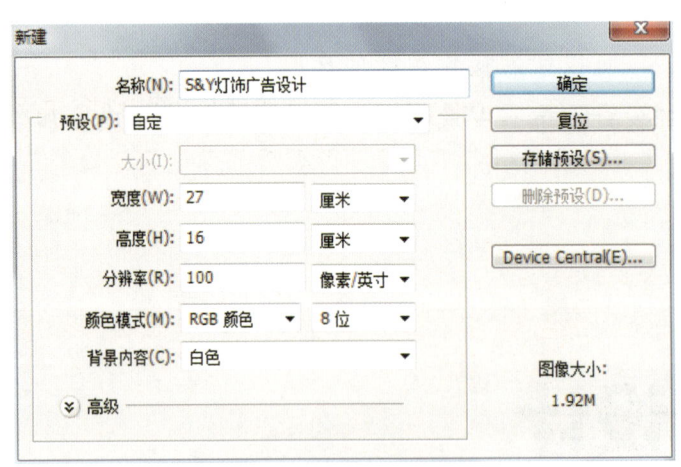

图7-53　新建文件

2 新建一个图层，重命名"背景1"，选择"渐变工具"，选择"径向渐变"，打开渐变编辑器，选择左侧色标颜色为R：0、G：14、B：102，右侧色标颜色为R：0、G：4、B：43，填充于"背景1"图层，效果如图7-54所示。

3 新建一个图层，重命名为"光晕1"，选择"椭圆选框工具"，在该图层绘制一个圆形选区，如图7-55所示。

图7-54 填充渐变背景色

图7-55 绘制圆形选区

④ 在图层"光晕1"中复制几个大小不同的圆形选区,并填充颜色为R:6、G:51、B:166,设置图层属性为"强光",不透明度为76%,填充60%,执行"滤镜"→"模糊"→"高斯模糊"命令(半径:5.0像素),光晕效果如图7-56所示。

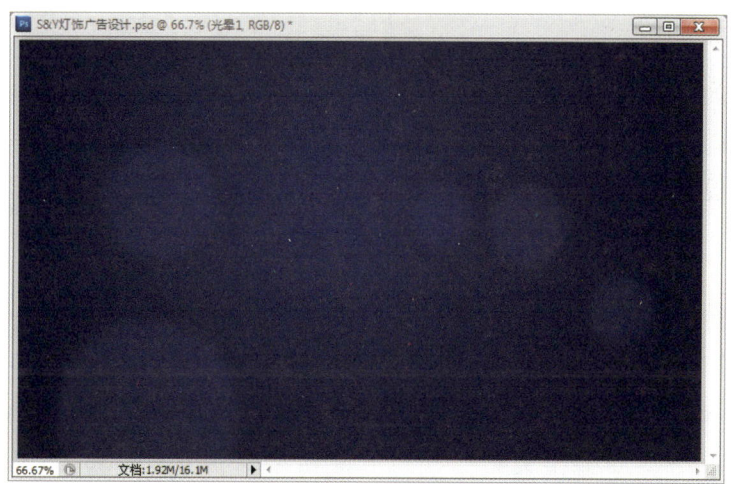

图7-56 光晕效果

⑤ 新建一个图层,重命名为"光晕2",同样复制几个大小不同的圆形选区,并填充颜色为R:25、G:92、B:205,设置图层属性为"强光",不透明度为100%,填充63%。执行

"滤镜"→"模糊"→"表面模糊"命令,设置半径为71像素,阈值为115色阶。再新建一个图层,重命名为"光晕3",并填充颜色为R:166、G:234、B:253,设置图层属性为"亮光"。执行"滤镜"→"模糊"→"表面模糊"命令,设置半径为19像素,阈值为121色阶。再新建一个图层,重命名为"光晕4",并填充颜色为R:231、G:255、B:255,设置图层属性为"亮光"。执行"滤镜"→"模糊"→"表面模糊"命令,设置半径为68像素,阈值为191色阶。4个光晕图层效果如图7-57所示。

图7-57　4个光晕效果

6 打开本书配套资源中的"素材\项目7\任务4\LOGO.psd"文件,把灯饰店标志移动到图像文件中,重命名为"标志",按<Ctrl+T>组合键,缩小图像并移动到合适位置,按<Enter>键结束,如图7-58所示。

图7-58　缩小效果

7 打开本书配套资源中的"素材\项目7\任务4\灯饰.psd"文件,把图片移动到图像文件中,重命名为"灯饰",按<Ctrl+T>组合键,缩小图像移动到左上角合适位置,按<Enter>键结束,再用"矩形选框工具"，在标志下面绘制一条长方形线,选择"渐变工具"，选择"线性渐变"，打开"渐变编辑器",选择左侧色标颜色为R:98、G:110、B:166,右侧色标颜色为R:39、G:149、B:226,填充长方形选区,如图7-59所示。

8 打开本书配套资源中的"素材\项目7\任务4\素材文本.doc"文件,将广告文字内容分别用横排文字输入,字体、字号大小和位置可参照如图7-60所示的效果。至此,本任务制作完成。

项目7 产品广告设计

图7-59 添加灯饰和长方形渐变框

图7-60 最终效果图

知识技巧点拨

1) 注意光晕颜色的透明度，透明度的利用可令效果更像真实的光晕，透明度和模糊可以根据个人感觉调整。

2) 文字素材在排版时要注意左对齐，并和不同的字体颜色搭配，适当的排版会令广告显得舒服大方。

任务5

"多喝水"产品广告设计

任务描述

本任务是设计并制作"多喝水"品牌推广广告。本任务主要采用明亮的主色调，通过背景烘托这款"多喝水"产品绿色环保的特点。

任务分析

"多喝水"产品广告效果如图7-61所示。其主题背景颜色为代表环保的绿色,主要突出鲜艳的色彩对比,并通过适当的文字排版显示广告的主题和内容,简洁而有意义。

图7-61 "多喝水"产品广告效果图

任务实施

1 首先在摄影棚进行各种"手部"动作的拍摄,手部动作拍摄图如图7-62所示,并选取相关元素的照片。

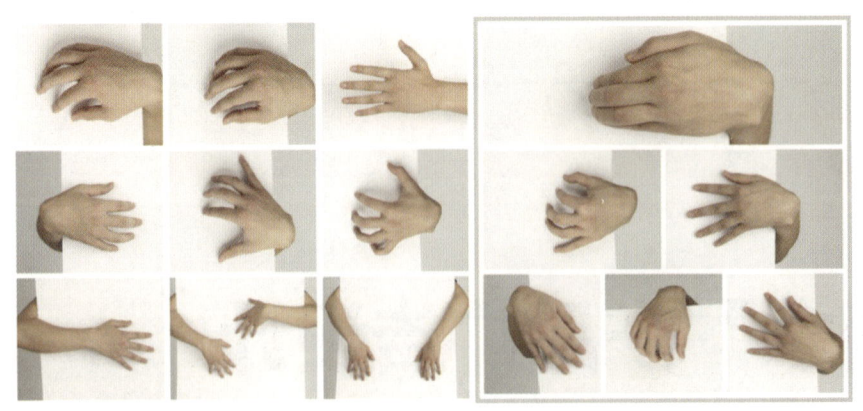

图7-62 手部动作拍摄图

2 进行各种手部照片的褪底,得到各种手部的动作。启动Photoshop,执行"文件"→"打开"命令,打开一张手部的摄影图片,使用"魔术棒工具" ,设置"容差"为20,选中"消除锯齿"和"连续",如图7-63所示。

项目7 产品广告设计

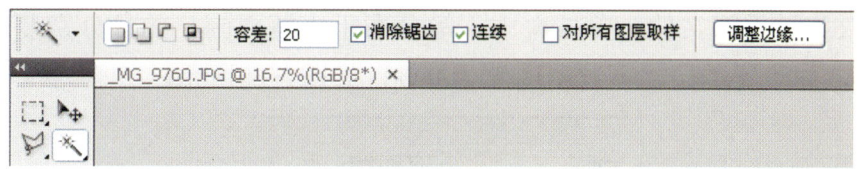

图7-63 使用魔术棒工具

❸ 使用"魔术棒工具" ，按<Shift>键增加选区，选取手部图片直至手部选取完毕，如图7-64所示。

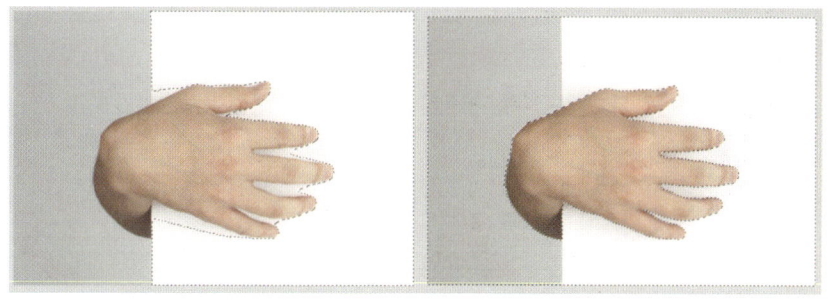

图7-64 使用魔术棒工具选出手部

❹ 按<Delete>键删除，效果如图7-65所示，并把文件存储为"s1.psd"。

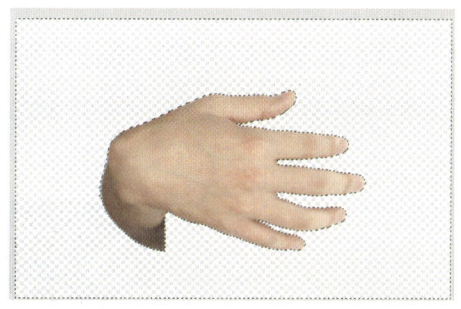

图7-65 选出的手部

❺ 如此类推，得到相应的手部褪底图片并命名为"s2.psd""s3.psd"等，并对"多喝水"产品进行拍摄，如图7-66所示。

❻ 选择"魔术棒工具" 的同时按<Shift>键，并单击选区以增加选区，与选取手部图片的方法相同，直至水瓶选取完毕，如图7-67所示，并把文件保存为"7-67.psd"，RGB格式。

图7-66 多喝水的产品拍摄　　　图7-67 多喝水的产品褪底效果

7 分别导入各种手部文件，并按大小不等分布于水瓶周围，并且分别复制图层并叠加于原来图层的下层，并设置图层"不通明度"为38%，如图7-68所示。

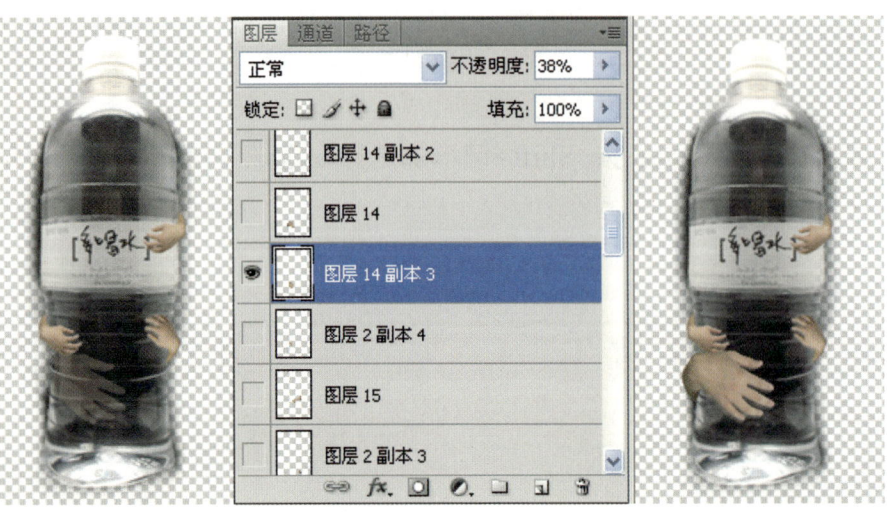

图7-68　添加手部的效果

8 围绕着水瓶把各种"手"进行大小各异的编排，直至画面富有美感，并把文件存储为"ss.psd"，如图7-69所示。

9 打开本书配套资源中的"素材\项目7\任务5\7-70.ai"文件，把文件"ss.psd"导入到图像文件中，重命名为"ss2.psd"，按<Ctrl+T>组合键，缩小图像并移动到合适位置，按<Enter>键结束，如图7-70所示。

图7-69　添加了各种手部效果　　　　　图7-70　导入图像

10 设置水瓶的图层属性为"变亮"，"不透明度"为44%，把瓶身的色彩与背景融合，如图7-71所示。多次复制此图层并进行透明度不同的设置。

11 选择"直排文字工具" T.并依次输入"开枪了！""放开那瓶多喝水，让我来多喝水"等内容。选择"画笔工具"，设置画笔直径为3和5，选择白色，再按住<Shift>键绘制竖向的直线，如图7-72所示。

12 打开本书配套资源中"素材\项目7\任务5"中的"logo.jpg""二维码.jpg"文件，并添加到图层中，最终效果如图7-73所示。

项目7 产品广告设计

图7-71 瓶身透明效果处理

图7-72 输入文字

图7-73 最终效果图

163

知识技巧点拨

1）本任务第 3 步在使用"魔术棒工具" 选取手部时候，可以根据"手"的形状，适当地设置容差值，可以更好地选取目标区域。

2）本任务第 7 步中，因为瓶子上的物体会有反射的物体光影，所以，在各种"手"的图层的下一层需要复制同一层，排列于下方，设置一定的不透明度，并稍微按光线方向下移几次，使手部图案更加自然地投影在瓶身上。

任务拓展　手机广告设计

给自己喜欢的一款手机设计制作宣传广告。

任务描述

搜索一些你喜欢的手机款式的图片和相关的素材，制作一个手机广告，以提高这款手机的知名度和宣传效果。

任务要求

在制作手机广告的过程中，要注意手机广告画面的相关元素，版面整洁和美观，信息排列合理而有序、不紊乱，能突出宣传作用。

任务提示

1）在制作过程中，可以先确定好背景，通常背景采用渐变色。

2）注意图像的大小和分辨率的设置。

3）适当采用图层混合模式和字体特效，在图片的融合和信息的突出中起到合适的作用。

项目8
数码照片精修与设计

➤ 项目描述

数码照片是数字化的摄影作品,通常指采用数码相机进行创作的摄影作品。数码照片的优势就是后期处理的灵活性。本项目通过一系列任务来详细地讲解数码照片精修的方法和技巧,力求以最简捷有效的方式进行介绍。

➤ 学习目标

通过精修与设计数码照片,可以掌握Photoshop在数码照片处理中的综合应用,在制作过程中运用画笔工具、渐变工具、色阶、色相/饱和度命令、滤镜等工具进行照片的处理。

任务1
化妆品产品照片精修

任务描述

本任务需要对常见的化妆品照片进行调整。由于化妆品产品照片常用于印刷报纸杂志广告、柜台陈列喷绘广告、电视广告等用途,因此化妆品公司通常对照片的要求很高,这些要求包括以下几个方面:

1)分辨率要求高。由于常用于大幅精美广告产品,化妆品的产品照片必须能够满足这些广告形式所需的数据信息,通常拍摄这些照片时多采用专业的照相机才能达到产品广告要求。

2)照片影像质量要求高。通常化妆品本身是给人带来美的享受,让人感到愉悦的产品,所以,产品本身的照片必须要求整洁、干净,不能有明显的杂点噪声。在拍摄时一般选取低ISO值拍摄,并且要求光线条件良好,多采用室内专业摄影棚拍摄。

3)照片要体现产品特点,适用性良好。这里的适用性是指用在大多数的广告场合都可以使用,照片必须尽量少受背景环境因素的干扰,产品边缘光滑清晰,方便在后续的广告设计中作为素材采用。

任务分析

数码照片的精修是建立在准确的图像分析上的,准确分析出原照片的缺陷才能准确修整原稿。数码照片的图像分析主要有以下几个方面:

1)整体的阶调和层次分析。
2)亮度和需要再现的细节的明暗层次是否明晰。
3)是否存在色偏。
4)需要主要强调的主体内容是否清晰。
5)对比度和饱和度是否合适。
6)是否需要细节处理(如消除杂点噪声等)。
7)其他缺陷的弥补和二次创作处理等。

化妆品的数码照片相比较其他类型的影像,需要干净整洁,颜色准确,处理要求相对比较细致,本任务中的照片原始文件较大,处理的过程也需要耐心细致,效果如图8-1所示。

图8-1 化妆品照片修整效果图

项目8 数码照片精修与设计

任务实施

1 启动Photoshop，打开本书配套资源中的"素材\项目8\任务1\柔丝美产品照片.jpg"文件，按<Ctrl+L>组合键调出"色阶"对话框，如图8-2所示，从直方图的分布上，可以分析出本图主要分布在中间调及亮调区域，主要再现产品的优良品质感。

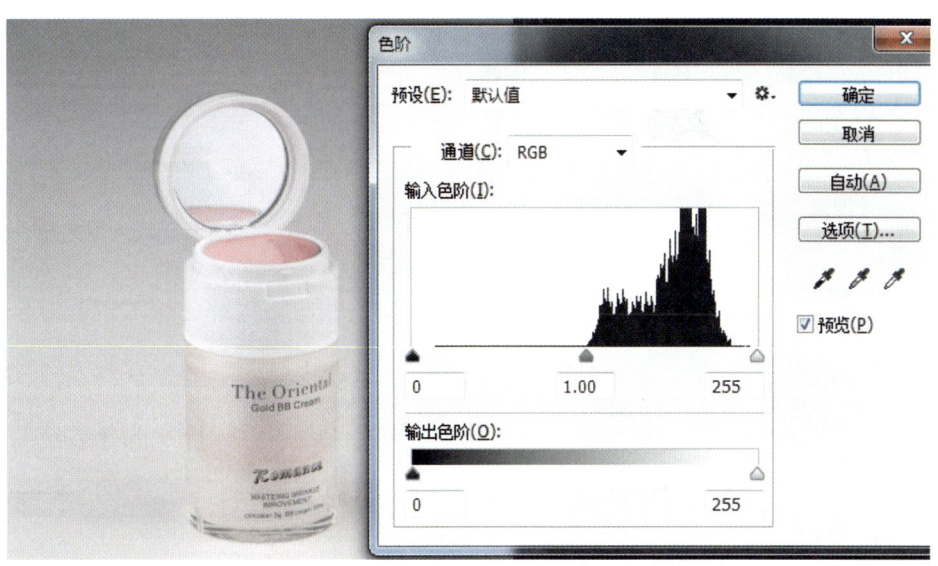

图8-2 色阶与直方图

2 将背景层复制到新图层上，按<P>键选择钢笔工具，将产品用钢笔路径精细勾描出来，效果如图8-3所示。勾描出来之后，按<Ctrl+Enter>组合键，将路径转换为选区。

3 按<Ctrl+J>组合键，将选区内容复制到新"图层1"中，如图8-4所示。

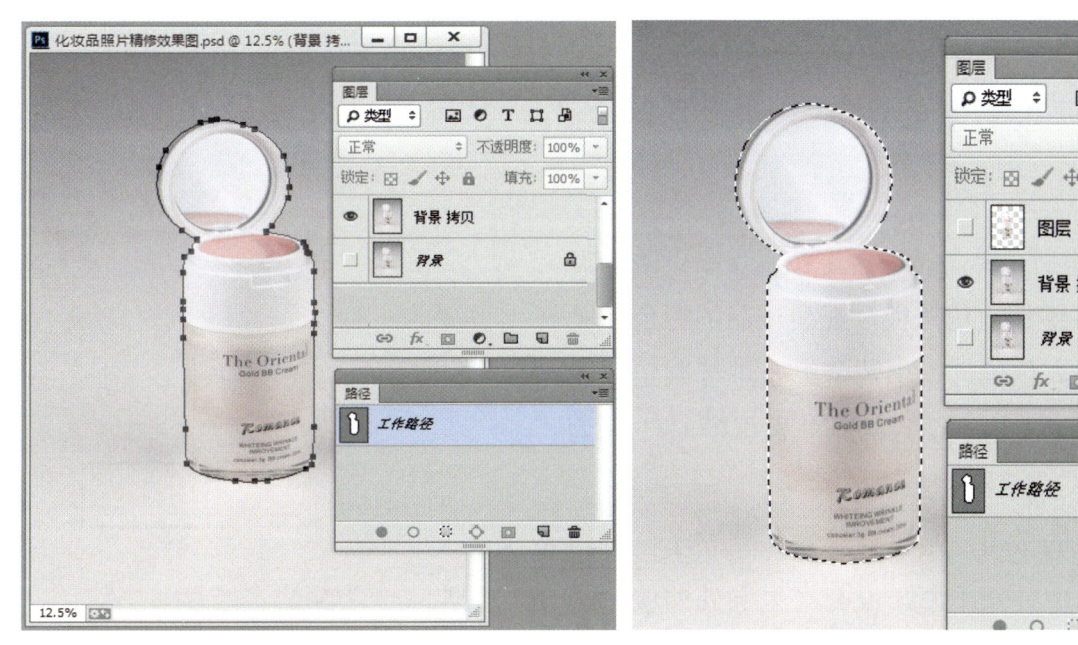

图8-3 勾描出瓶身　　　　　图8-4 复制产品到"图层1"

4 按<Ctrl+D>组合键取消选区，选择"图层1"，按<Ctrl+L>组合键调出色阶面板，观察图像的色阶分布。在本任务中，选择为每个通道都进行色阶调整，在视觉上使得颜色更加丰富。首先选择红通道，如图8-5所示。

5. 在"色阶"对话框中，选择拖动黑色和白色三角滑块至图8-6所示位置。

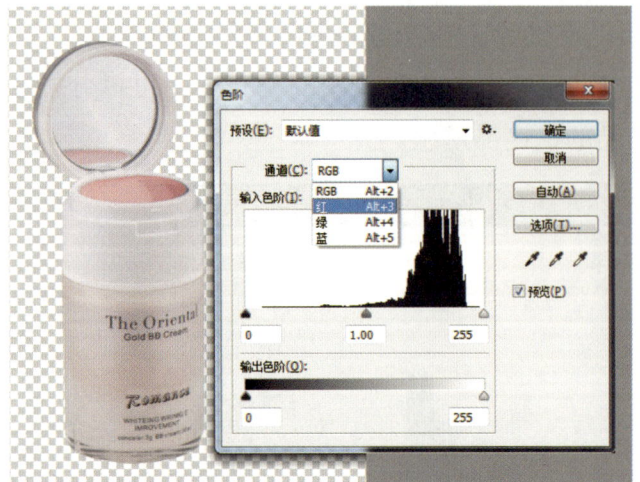

图8-5 选择红通道进行色阶的调整　　　　图8-6 红色通道调整色阶后的效果

6. 用同样的方法，选择绿、蓝通道分别进行调整，如图8-7和图8-8所示。

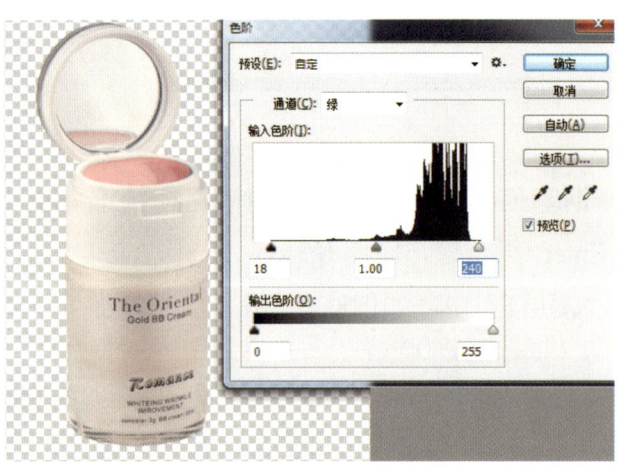

图8-7 绿色通道调整色阶后的效果　　　　图8-8 蓝色通道调整色阶后的效果

7. 调整完毕后，单击"确定"按钮保留色阶的调整结果，按<F8>键调出信息板，观察产品的白色盖子是否有明显偏色，色偏可以由数值组合进行判定，在RGB模式下，理论上当一个点的颜色数据R=G=B时为黑白灰的中性色，如图8-9所示。

8. 图8-9中的数值满足了要求，在调整了色阶的同时，也保证了中性灰平衡，没有产生额外的偏色，如果在调整中出现了色偏，可以再次调出"色阶工具"或者按<Ctrl+M>组合键调出"曲线工具"，用工具栏中的中性灰吸管单击图8-10中小方框中的像素，然后单击"确定"按钮即可快速修正色偏。

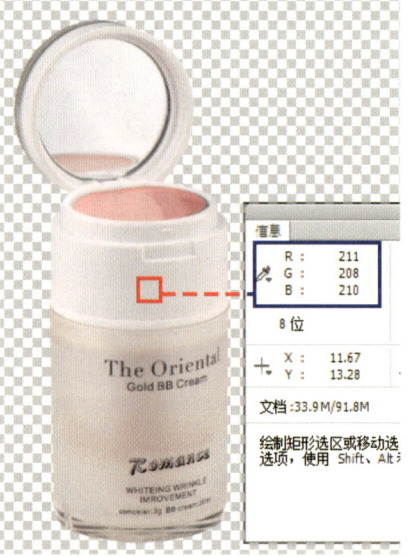

图8-9 小矩形框表示取样点在此范围内，大矩形框表示取样点的颜色RGB值

项目8 数码照片精修与设计

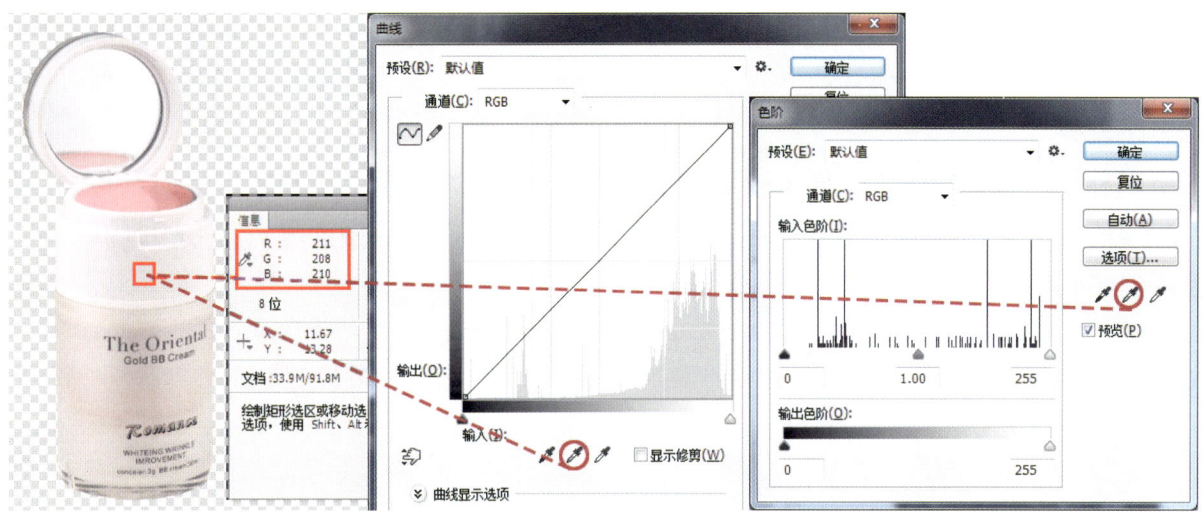

图8-10 中性灰设置

9 调整完的颜色与实际产品还有些差别，由于拍摄时的亮度较高，导致产品的饱和度有所缺失，快速提高饱和度的方法有很多，本任务采用在Lab模式下操作，将产品颜色的饱和度提升。执行"图像"→"模式"→"Lab模式"命令，将产品照片转为Lab的颜色模式，然后按<Ctrl+M>组合键调出"曲线工具"，由于本任务中产品的主要颜色为红色，所以选取a通道进行调整，如图8-11所示。

10 在"曲线工具"的a通道中，选中两个点，曲线中部的点保持不动（这样做是为了保持中性灰部分不因为调整而偏色），将上部的点向上提升，如图8-12所示，注意观察输入输出数值的变化。

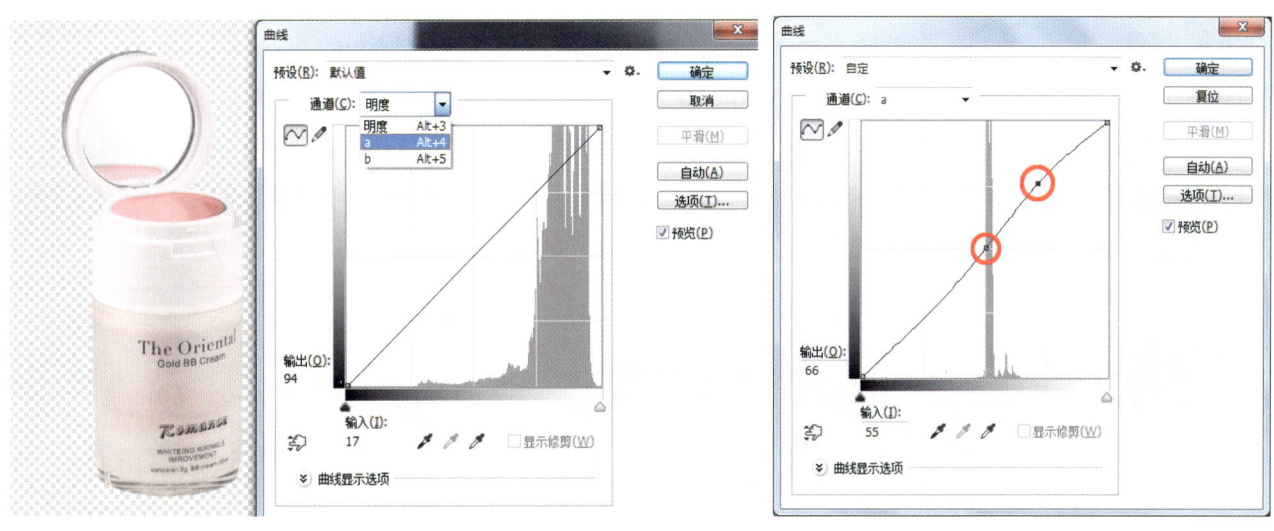

图8-11 Lab模式下的颜色通道的选取　　　　　图8-12 a通道调节曲线

11 经过这样的调整，在保证前面调整的灰平衡不发生大的变化情况下，颜色的饱和度有了提高，并且没有不必要的杂色产生。

12 对于细节的强调，一般用USM锐化滤镜来完成，在Lab模式里，选择明度通道，然后执行"滤镜"→"锐化"→"USM锐化"命令，参数设置如图8-13所示。

这里采用的对明度通道实施锐化的操作，目的也是在尽量小幅度影响色度的情况下，对图像进行锐化，同时图像锐化后产生的杂点没有杂色，方便后期处理。

锐化有两种操作模式,第一种模式是"小半径、大数量"的模式,这种模式通常处理线条细节较多的图像;第二种模式是"大半径、小数量",除了强调细节线条的图稿,都可以尝试用此思路调整。

所以总结经验参数数值,如半径设为"分辨率/200",数量大小和图像数据量相关,阈值设为2~4的数值等,都可以参考使用。对于数码照片来说,当原图的噪点不多的时候,可以适当处理得锐利些,特别是用于印刷品的数码照片。

图8-13 锐化明度通道

13 锐化完之后,由于对化妆品图片要求较高,必须将噪点一点一点去除,一般可采用"仿制图章工具" 或者"修复画笔工具" ,在放大倍率为200%的显示状态下,用"仿制图章工具"修复噪点,如图8-14所示。

14 修复噪点等细节时尤其需要耐心和细心,最终原图的高质量呈现和这部分内容修复的情况直接相关。修复噪点需要的时间比较多,需要仔细观察和修描,有些是原图本身的问题,有些是拍摄时不小心沾染上的尘污,都要仔细去除,如图8-15所示。

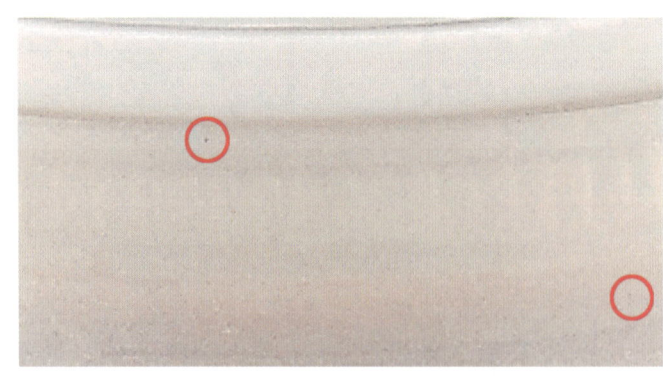
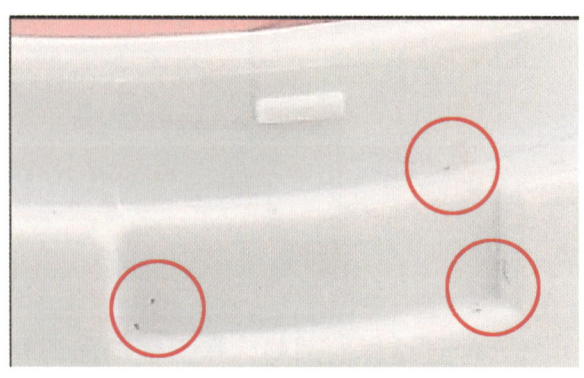

图8-14 修复部分噪点　　　　　　　　　　图8-15 噪点修复

15 修描完噪点后,可将图像模式切换为RGB模式,在RGB模式下,复制一个图层,设置图层模式为"柔光",以增强化妆品柔美的质感,如图8-16所示。

16 隐藏背景并复制,按<Ctrl+Shift+Alt+E>组合键,将"图层1"与"图层1拷贝"的叠加效果保存至新图层,如图8-17所示。

项目8 数码照片精修与设计

图8-16 图层叠加　　　　　　　　　图8-17 保存叠加结果为"图层2"

17 接下来建立Alpha通道，目的是保留瓶子的玻璃透明度，首先按<Ctrl>键并单击"图层2"，加载瓶子选区，使用此选区在通道面板建立Alpha 1通道，如图8-18所示。

18 观察新建立的Alpha 1通道，黑色部分表示不选择，白色部分表示选择，那么灰色是有透明度的选择，越接近白色，选出来的物体透明度也就越低。在Alpha 1通道里选择合适的灰色进行涂抹，保留瓶子的透明度。以瓶底为例，由于瓶底的玻璃透明度不高，所以选择接近白色的各种灰度进行涂抹比较合适，如图8-19所示。

图8-18 选区存储为通道

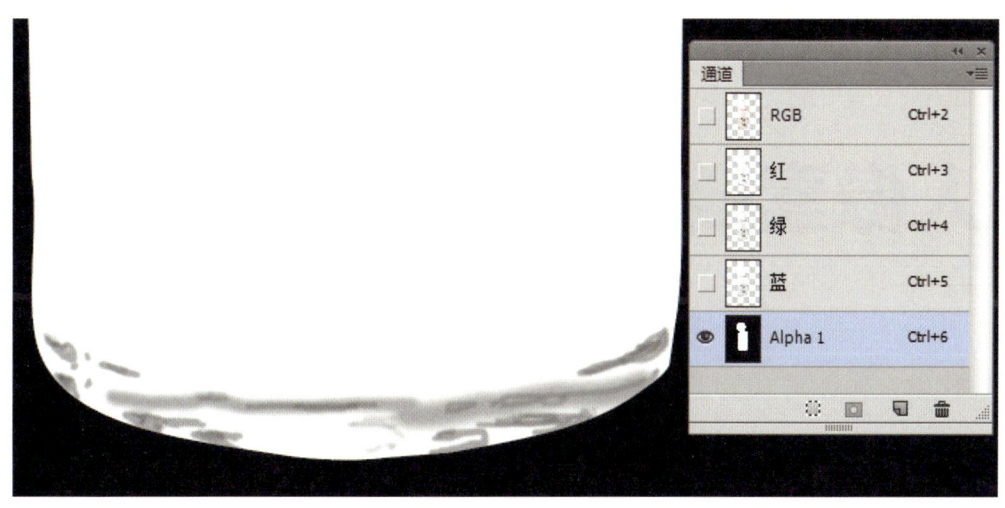

图8-19 瓶底透明度的描绘

19 描绘完瓶底的透明度后，按<Ctrl+D>组合键取消选区，然后选中"图层2"，按<Ctrl+J>组合键单击Alpha 1通道，将有透明度底的瓶子保存起来，将"图层2"隐藏，如图8-20所示。保存文件格式为Photoshop文件备用，当然也可以加个背景图层预览下效果。

20 至此完成化妆产品图片的精修，如果不需要其他图层，可以只保留"图层3"。

21 打开本书配套资源中的"素材\项目8\任务1\背景素材.jpg"文件，将"图层3"拖动至背景素材上面，观察有背景之后的效果，如图8-21所示（本例为了效果完整，例图多了几步处理，有兴趣的读者可以自己拓展练习）。

图8-20　透明结果图

图8-21　加载背景效果

知识技巧点拨

1）蒙版与Alpha通道结果类似，可以进行复杂选区的编辑。

2）图层的叠加可以增强产品的质感，可以尝试使用。

3）曲线调整注意总结经验技巧，理解调整的原理。

任务2
数码人像素描转换

任务描述

有的数码照片人像面部呈现较为平面，或者色彩差异比较明显，为了使人像照片效果呈现得更有层次感，本任务采用对数码人像照片转换为素描的方式，解决颜色不平衡或者成像不立体的问题，提升照片质感。

项目8 数码照片精修与设计

任务分析

本任务中的素描转换方法，主要使用更改图层混合模式、杂色命令、动感模糊命令等。数码人像素描转换效果如图8-22所示。

任务实施

1 启动Photoshop，执行"文件"→"打开"命令，打开一张自己喜欢的数码人像照片文件，按<Ctrl+J>组合键进行复制，选中复制后的"图层1"，执行"图像"→"调整"→"去色"命令，对"图层1"进行去色，如图8-23所示。

图8-22 数码人像素描转换效果图　　　　　图8-23 对"图层1"去色

2 选中"图层1"，按<Ctrl+J>组合键进行复制，选中复制后的"图层1副本"，执行"图像"→"调整"→"反相"命令，将"图层混合模式"改为"颜色减淡"，如图8-24所示。

3 双击"图层1副本"缩略图，调整"图层样式"中"混合颜色带"的数值，按住<Alt>键拖动黑色三角形，将"本图层"调整到0/30，"下一图层"调整到0/255，如图8-25所示。

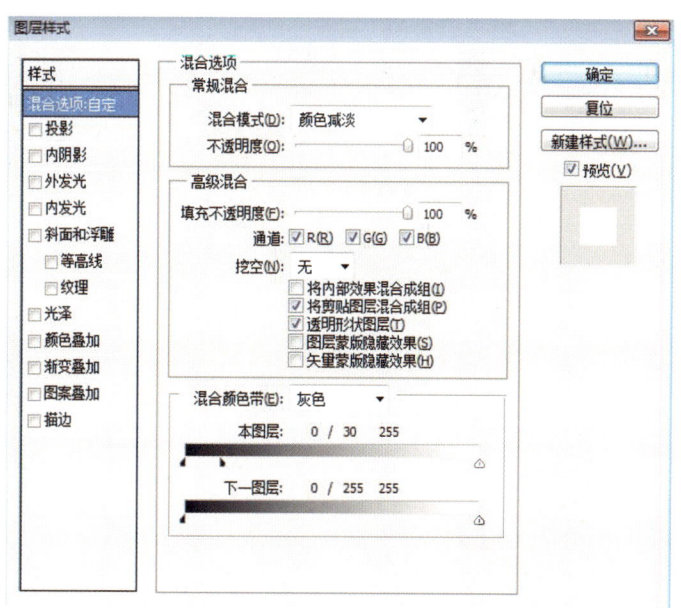

图8-24 对图层1副本进行反相，　　　图8-25 调整图层样式中的混合颜色带
　　　　混合模式颜色减淡

4 新建"图层2",填充黑色,执行"滤镜"→"杂色"→"添加杂色"命令,"数量"设置为300%,"分布"选择"平均分布",勾选"单色",如图8-26所示。

5 选中"图层2",执行"滤镜"→"模糊"→"动感模糊"命令,"模糊角度"为50度,"距离"为30像素,如图8-27所示。

图8-26 对新建填充黑色的图层执行添加杂色命令

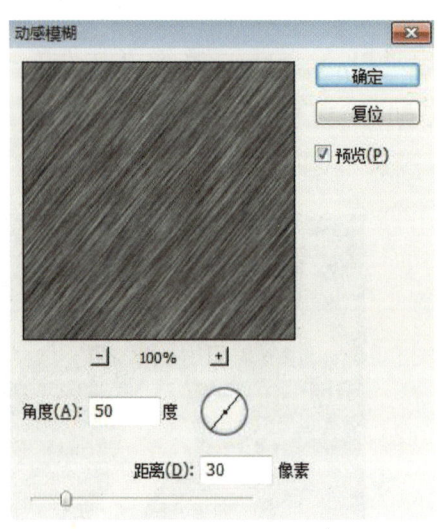
图8-27 动感模糊设置

6 选中"图层2",把"图层2"的"图层混合模式"改为"叠加","不透明度"设置为50%,如图8-28所示。

7 将数码人像照片进行以上操作,通过对色彩的去色、图层混合模式的调整等设置,得到素描照片,最终效果如图8-29所示。

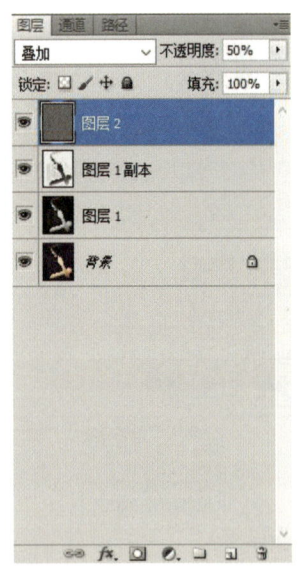
图8-28 图层混合模式改为叠加

图8-29 最终效果图

知识技巧点拨

1)在步骤 3 中可以调节素描效果的深浅,如果觉得颜色应该更加丰满,可在步骤 5 中继续调整。

2）如果数码照片颜色比较丰富，还可利用查找边缘滤镜等进行进一步创作，同样可以达到素描照片的效果。

任务3 儿童写真照片设计

任务描述

儿童照片的版面设计与其他领域的设计一样，设计师在设计前都要对版面有个总体构思。儿童属于一种特殊的群体，具有天真活泼、可爱的特性，所以在设计的风格上要多元化一些，这样才能体现出儿童的特点。

任务分析

本任务学习儿童写真照片设计，主要使用模糊工具、投影命令等调整版式，使用正片叠底命令调整选区内的图片融合方式，还使用了斜面浮雕度等命令。儿童写真照片设计效果如图8-30所示。

任务实施

1 启动Photoshop，执行"文件"→"新建"命令，打开"新建"对话框，如图8-31所示，设置"宽度"为550像素，"高度"为350像素，"分辨率"为72像素/英寸，"颜色模式"为RGB颜色，"背景内容"为白色，单击"确定"按钮，创建一个新的图像文件。

图8-30 儿童写真照片效果图   图8-31 新建文件

2 新建"图层1",打开本书配套资源中的"素材\项目8\任务3\素材1.jpg"文件,将素材移动到"图层1"中,按<Ctrl+T>组合键,放大和移动图像到适当位置,按<Enter>键结束,效果如图8-32所示。

3 对"素材1.jpg"进行高斯模糊,执行"滤镜"→"模糊"→"高斯模糊"命令,设置"半径"为5.0像素,如图8-33所示。

图8-32 拖入素材1

图8-33 高斯模糊设置

4 新建"图层2",打开本书配套资源中的"素材\项目8\任务3\素材2.jpg"文件,将素材移动到"图层2"中,按下<Ctrl+T>组合键,缩小和移动图像到适当位置,按<Enter>键结束,效果如图8-34所示。

5 对"素材2.jpg"进行描边设置,执行"图层"→"图层样式"→"描边"命令,设置"大小"为7像素,"位置"改为"内部","不透明度"为77%,填充颜色改为白色,如图8-35所示。

图8-34 拖入素材2调整效果

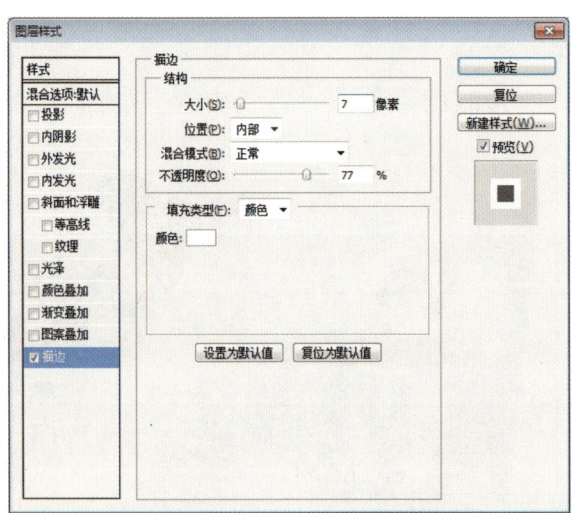

图8-35 对"素材2.jpg"进行描边设置

6 对"素材2.jpg"进行投影设置,执行"图层"→"图层样式"→"投影"命令,调整"混合模式"为"正片叠底",如图8-36所示。

7 运用同样的方法处理本书配套资源中"素材\项目8\任务3"中的"素材3.jpg""素材4.jpg""素材5.jpg",分别新建图层并调整效果,排版后的效果如图8-37所示。

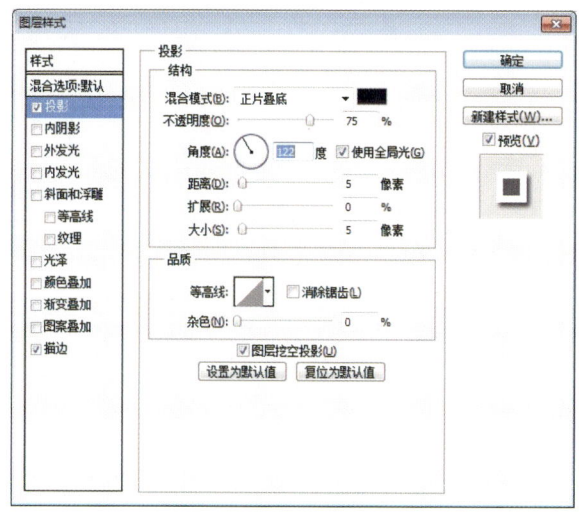

图8-36 对"素材2.jpg"进行投影设置

图8-37 排版后的效果图

8 选择横排文字工具,输入"Laugh and grow up",参数设置如图8-38所示。

图8-38 文字属性

9 调整整体排版位置,完成此任务的制作,最终效果如图8-39所示。

图8-39 最终效果图

知识技巧点拨

1)为了在调整素材大小时不改变宽高比例,可以使用<Shift>+鼠标左键进行拖拽。

2)在使用描边功能时,位置可用"内部""居中"等效果多次尝试,也可以改变颜色等参数。

任务4 快速调出人物白皙美

任务描述

人像修饰是数码照片精修的不老话题。人像皮肤修饰是人像修饰中最难的部分，皮肤既要修饰干净又要保持质感和结构，这对于初学者来说的确难度很大，一方面原因是对软件的操作还不是很熟悉，另一方面原因就是对影响人物皮肤修饰的因素不够了解。修饰皮肤不是只会软件就可以修饰好的，还要结合很多相关的理论知识。

任务分析

本任务学习快速调出人物白皙美。主要利用图层调整、色彩和高光调整，同时结合蒙版工具、滤镜、图层样式等，对素材图进行美白修饰，素材图如图8-40所示，完成效果图如图8-41所示。

图8-40　素材图

图8-41　完成效果图

任务实施

① 启动Photoshop，打开本书配套资源中的"素材\项目8\任务4\素材.jpg"文件，采用"仿制图章"工具 修复脸上的黑点，如图8-42所示。

② 在原图中建立高光部分选区，使用<Ctrl+Alt+～>组合键（或者<Ctrl+Alt+3>组合键），如图8-43所示。然后按<Ctrl+J>组合键复制到"图层1"，再单击"添加图层蒙版"按钮，添加图层蒙版，如图8-44所示，用黑色画笔把人物的皮肤区域涂出。

图8-42　修复脸上黑点　　　　　　　图8-43　建立高光部分选区

3 在原图建立高光部分选区，然后按<Ctrl+Shift+I>组合键进行反选，再按<Ctrl+J>组合键复制到"图层2"，如图8-45所示。

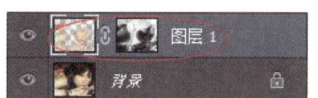 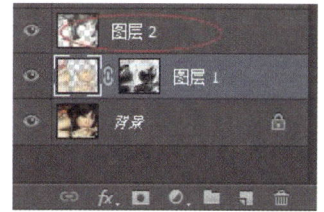

图8-44　添加图层蒙版　　　　　　　图8-45　复制到新图层

4 把"图层1"和"图层2"的图层顺序对调，然后创建新的调整图层，再打开"可选颜色"面板，分别设置"黄色"和"红色"的参数，如图8-46和图8-47所示。

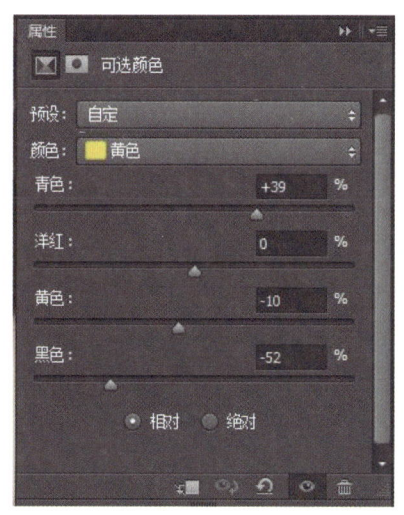 

图8-46　"黄色"参数设置　　　　　　图8-47　"红色"参数设置

5 为了增加人物皮肤的白色，在"背景"图层上方增加一个图层，并填充白色，降低不透明度为69%，如图8-48所示。

6 选择最上一个图层，按<Ctrl+Alt+Shift+E>组合键进行盖印图层，然后复制盖印图层，如图8-49所示。接着进行人物的脸部磨皮，执行"滤镜"→"模糊"→"高斯模糊"命令，设置参数如图8-50所示。修改图层混合模式为"滤色"，降低不透明度为46%。

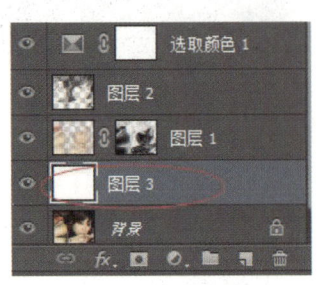

图8-48　增加一个白色图层

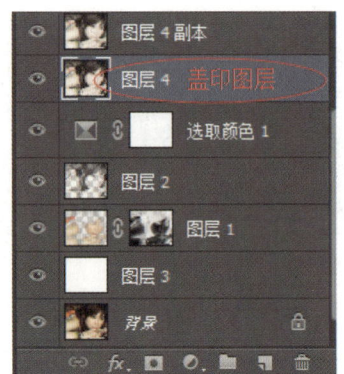

图8-49　盖印图层

7 创建新的调整图层，再打开"色彩平衡"面板，设置"中间调"和"阴影"参数，如图8-51、图8-52所示。

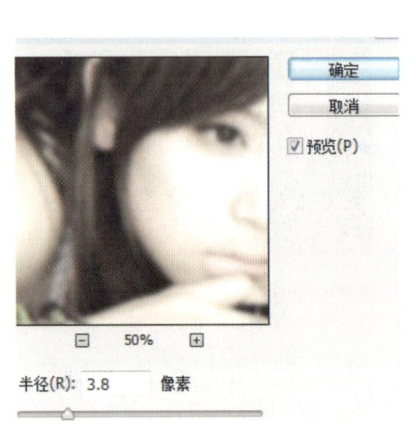

图8-50　高斯模糊

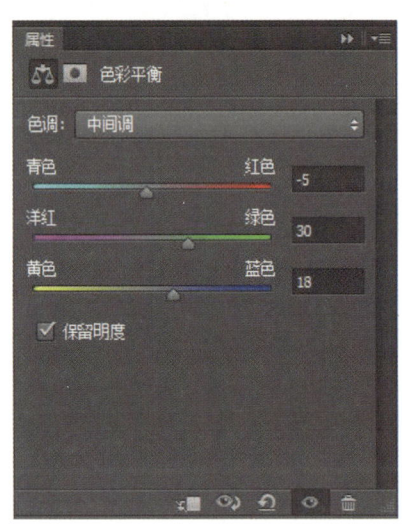

图8-51　"中间调"参数设置

8 再次按<Ctrl+Alt+Shift+E>组合键进行盖印图层，在此图层对嘴唇进行修饰。使用"钢笔工具"建立嘴唇部分的选区，如图8-53所示。创建新的调整图层，再打开"色阶"面板，设置"RGB""红""绿""蓝"参数，如图8-54～图8-57所示。至此，对人物的修饰就完成了。

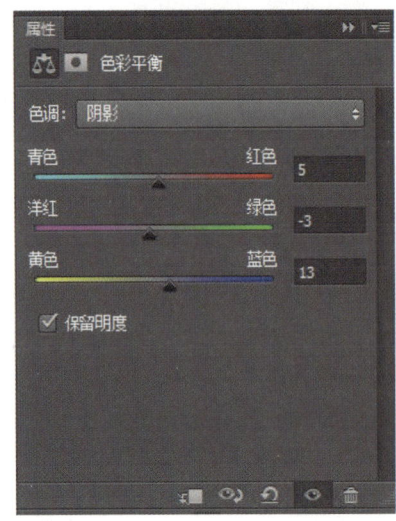

图8-52　"阴影"参数设置

图8-53　钢笔勾勒嘴唇部分

项目8　数码照片精修与设计

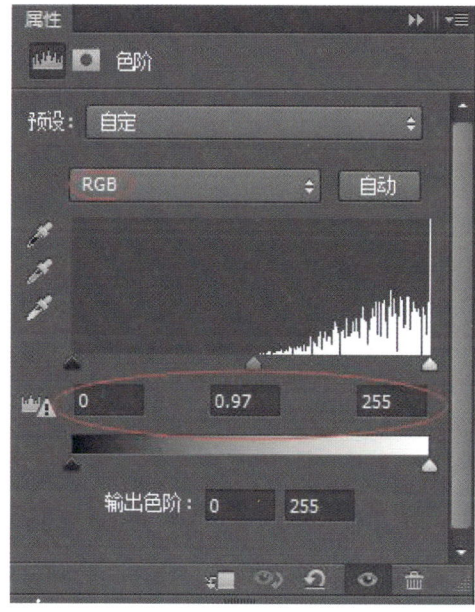

图8-54 "RGB"参数设置

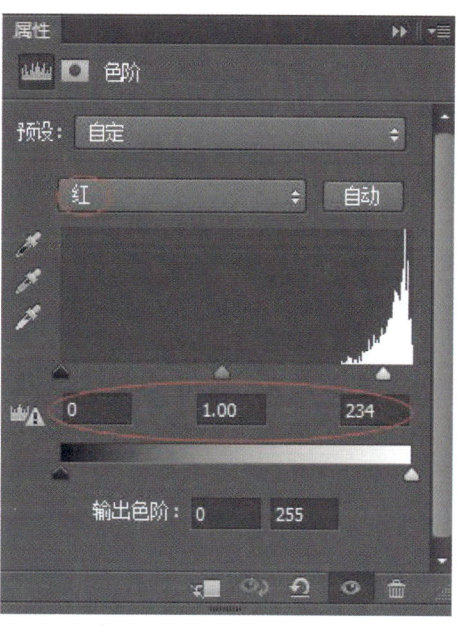

图8-55 "红"参数设置

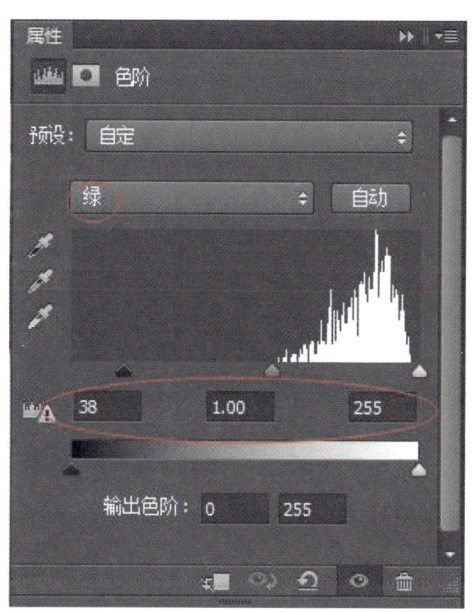

图8-56 "绿"参数设置

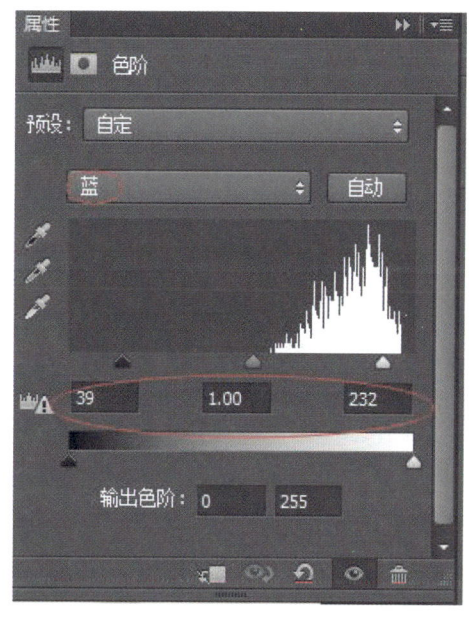

图8-57 "蓝"参数设置

知识技巧点拨

本任务主要通过创建可调整图层，快速美白人物肌肤，并结合图层蒙版进行灵活处理。同时，运用盖印图层，能将原来的图层保留下来，以便继续编辑和修改处理。

任务拓展　人物照片精修

为身边的好友精修一组数码照片，并设计制作成一本小相册。

任务描述

为好友精修一组个人数码照片,根据照片风格选定设计主题,设计并排版成一本精美的小相册。

任务要求

在精修数码照片的过程中,要注意对照片风格的定位,对数码照片的色彩进行调整和美化,在排版的过程中要整体设计构思。

任务提示

1)在制作过程中,可以先确定好相册设计主题。
2)注意精修照片和相册版式风格的搭配。
3)适当采用图层混合模式和字体特效,在图片的融合和信息的突出中起到合适的作用。

参 考 文 献

[1] 于丽．平面设计综合实训项目教程[M]．3版．北京：机械工业出版社，2021．
[2] 杨忆泉．数字媒体技术应用基础教程[M]．北京：机械工业出版社，2014．